他与她

从荣格观点探索
男性与女性的内在旅程

[美] 罗伯特·约翰逊（Robert A. Johnson）—— 著

徐晓珮——译

HE

Understanding
Masculine Psychology

SHE

Understanding
Feminine Psychology

华龄出版社
HUALING PRESS

HE: Understanding Masculine Psychology, revised edition, by Robert A. Johnson
Copyright © 1989 by Robert A. Johnson. ALL RIGHTS RESERVED.
SHE: Understanding Feminine Psychology, revised edition, by Robert A. Johnson
Copyright © 1989 by Robert A. Johnson. ALL RIGHTS RESERVED.
Published by arrangement with Harper Perennial, an imprint of HarperCollins Publishers, through Bardon–Chinese Media Agency.
Simplified Chinese edition copyright © 2023 by Beijing Jie Teng Culture Media Co., Ltd.
《他與她》中文譯稿 © 2021/03/18，Robert A. Johnson／著，徐曉珮／譯
簡體中文譯稿經由心靈工坊文化事業股份有限公司授權北京頡騰文化傳媒有限公司在中國大陸地區獨家出版發行

北京市版权局著作权合同登记号 图字：01-2023-1969 号

图书在版编目（CIP）数据

他与她：从荣格观点探索男性与女性的内在旅程 /（美）罗伯特·约翰逊（Robert A. Johnson）著；徐晓珮译著 . -- 北京：华龄出版社，2023.4
ISBN 978-7-5169-2558-4

Ⅰ. ①他… Ⅱ. ①罗… ②徐… Ⅲ. ①性别差异心理学—精神分析 Ⅳ. ① B844

中国国家版本馆 CIP 数据核字 (2023) 第129527号

策划编辑 颉腾文化

责任编辑 徐春涛　　　　　　　　　　　**责任印制** 李未圻

书　名	他与她：从荣格观点探索男性与女性的内在旅程	作　者	［美］罗伯特·约翰逊（Robert A. Johnson）
出　版 发　行	华龄出版社 HUALING PRESS	译　者	徐晓珮
社　址	北京市东城区安定门外大街甲 57 号	邮　编	100011
发　行	（010）58122255	传　真	（010）84049572
承　印	文畅阁印刷有限公司		
版　次	2023 年 8 月第 1 版	印　次	2023 年 8 月第 1 次印刷
规　格	787mm×1092mm	开　本	1/32
印　张	7	字　数	96 千字
书　号	978-7-5169-2558-4		
定　价	59.00 元		

英雄活在了你的心底，
而你活出了自己的故事

钟颖（心理咨询师）

你寻找的救赎都在故事里，而神话则是当中最古老、最动人的。

我们的一生是走向独立，而后回归完整的冒险，这样的过程在深度心理学里被简要地称为"个体化"。说它简要，但过程却是人人各异，总要历经百转千回方能来到"见山还是山，见水还是水"的境界，而神话故事则是帮助我们理解这段过程的一种方式。

有多少故事在人类的历史中被创造，也就几乎有多少故事在人类的历史中被遗忘。那些能够被记得、被传唱的古老故事必定符合了我们心灵深度的某些需求，否则我们难以解释何以它能抵抗时间的流逝，持续地在我们生命里发酵。传说、诗歌、童话与神话因此在深度心理学中被视为能够穿透并解读人类心灵的文本，受到极大的重视。

知名的荣格分析师罗伯特·约翰逊就曾分别使用三个不同的神话来解读男性、女性以及与两性的亲密关系，这在荣格圈里一直颇受重视。而本书的内容就包括了当中的两则：他与她。

圣杯传说起源于中世纪，它的故事披着基督教文明的外衣，在凯尔特文化的基础上发展起来，从而成为贯穿西方新旧精神的重要神话。男主角帕西法尔（Parsifal）命中注定要去寻访圣杯，并对受伤的渔夫王提出可以为他带来疗愈的圣杯问题："谁才是圣杯的主人？"然而年轻无知的帕西法尔却保持了沉默，直到离开圣杯城堡。当中的原因为何？此处我且不说破，留待读者细读本书。此处可以注意的是，这个问题的答案是什么？

渔夫，海中的垂钓者，他象征着在无意识汪洋中寻求心理资源与创造力的人，而国王则是我们内心真正的统治者。用心理学的话来说，帕西法尔的冒险表面上虽然指涉着向外的追寻，其目的却是使内在的神圣国王被疗愈。而我们又要如何才能疗愈内心受了伤的国王呢？我们后面再谈。

丘比特（或是本书中使用的艾洛斯）与赛姬的故事则源于罗马神话，诗人用诙谐的口吻描述了人间美女赛姬曲折离奇的婚姻故事，她受到爱与美的女神阿芙洛狄忒的诅咒，一度嫁给人间最糟糕的男人，没想到爱神之子丘比特却爱上了她，两人过着隐秘却欢快的恋爱生活。丘比特使自己与妻子都处于黑暗中，他要赛姬全然地信任他，要她不要理睬和联系两位姐姐。然而赛姬却像每个在婚姻中感到失望的女性那样，最终拿起了油灯与利刃照亮了这无明的快乐，就此婚姻破碎，她的成长之路也正式开始。

女性绝不是男性的附属，她的个体化历程更非男性版本的复制品。为了重新寻回她的伴侣，她必须勇敢地面对内心那个原始且黑暗的成熟女性，亦即阿芙洛狄忒。在与女神，也就是赛姬的婆婆交手的过程中，年轻的赛姬终于逐渐茁壮成长起来，同时学会了用与男性价值观迥异的方法赢回个人生命的主导权。

很有意思的是，赛姬在最后一个任务即将完成前竟然无法抵挡冥界美容霜的吸引力，偷偷打开来使用，结果她陷入了死亡般的睡眠，功败垂成。然而却是这场战役的失败，使她赢了整场婆媳与人神对抗的战争。她以此举宣告她认同了自身的女性特质，作为一个人，她选择屈服于自己的好奇心。丘比特终于醒悟，挣脱了母亲的束缚，向天界统治者宙斯寻求协助，赛姬因此被封神。

这是一则女性勇敢追寻自我，而后拯救了男性的故事。事实上，在亲密关系遭遇危机时，扮演拯救者的往往都是女性，而男性（据我的观察）在当中采取的态度往往相似，要么是置之不理，要么是逃避。神话在很大程度上反映了一定的临床事实。

回到男性身上，男性个体化路上的诸般奋斗无不是为了向内心受伤的渔夫王致敬。如果要援救渔夫王，男性就得在进入圣杯城堡后，问出那个关键的问题："谁才是圣杯的主人？"答案是："你，渔夫王！"在我们愿意礼敬内在神圣的那一刻，渔夫王就获得了治疗，从而使"自我"也获得了与外界和解的机会。

自我与渔夫王的接触，以及前者对后者的崇敬之情，才是疗愈整体人格的关键。因此不论男女，成长的目的都是整合，不论是他还是她，在时间长河的洗礼中，神话都汇聚了人类心灵的结晶。它的剧情、主支线任务、登场角色，无不是你我内心的一分子。

阅读它，我们就阅读了自己。在为男女英雄的成就钦羡赞叹的时候，你也就对自己面对的人生疑难产生了信心，英雄活在了你的心底，而你活出了自己的故事。

|目录|

第一部分

他

他与她
从荣格观点探索男性与女性的内在旅程

HE:
Understanding
Masculine Psychology

SHE:
Understanding
Feminine Psychology

| 第一章 |

导论

通常来说，当历史展开一个新的时代，新的神话也会同时兴起。神话预告了人们即将迎接怎样的时代，对于如何处理这个时代的心理元素，也有着充满智慧的建议。

在帕西法尔追寻圣杯的神话中，我们也能找到现代社会适用的处方。圣杯神话在十二世纪时兴起，刚好就是许多人认为的现代社会开始形成的时候。如今我们生活中的许多想法、态度与概念，都源自圣杯神话初步成形的年代，那么我们可以说十二世纪的微风，变成了二十世纪的旋风。

圣杯神话的主题在十二、十三和十四世纪十分普遍。我们使用最早写成的法文版本，也就是克雷蒂安·德·特鲁瓦（Chrétien de Troyes）的长篇诗作，另外还有沃尔夫拉姆·冯·艾森巴哈（Wolfram von Eschenbach）的德文版本。至于英文版本，托马斯·马洛礼（Thomas Malory）的《亚瑟王之死》（*Le Morte d'Arthur*），则是写于十四世纪，但那时故事已经延伸变形太多。法文版本较为简单直接，更接近无意识，因此较符合我们的讨论目的。

必须记住的是，神话是具有生命的实体，存在于每个人心中。若能看见神话在我们内在运作的事实，就能够理解神话真实而具有生命的形式。我们能够获得的最有价值的神话体验，就是看到神话在自己的心理架构中如何发挥作用。

圣杯神话讨论的是男性心理学，但不代表只针对男性，女性内在的阳刚特质也同样适用，虽然影响没有那么大。我们必须把神话中出现的所有元素都看成自己的一部分。我们必须面对一群艳丽动人的少女，但也要把她们看作内在阳刚特质的一部分。女性一样会对圣杯神话的秘密感兴趣，因为每一位女性都需要与不同于自己的男性相处，不管是父亲、丈夫或儿子。同时，女性其实与圣杯神话也有相当直接的关系，因为女性的内在一样拥有阳刚特质。尤其是现代职业女性，她们更加活跃于男性世界中，阳刚特质的发展对她们愈加重要。女性的阳刚特质或男性的阴柔特质，比我们想象的要更贴近自己。圣杯神话提供的观点，在现代社会中能够发挥实时且实际的效用。

他与她
从荣格观点探索男性与女性的内在旅程

HE: SHE:
Understanding   *Understanding*
Masculine Psychology   *Feminine Psychology*

| 第二章 |

渔夫王

故事从圣杯城堡的大麻烦开始。城堡的主人渔夫王受伤了，伤势十分严重，危及性命，但又无法死去。渔夫王痛苦地呻吟、喊叫，止不住的疼痛。从外在物质世界的隐喻性来看，土地反映出的就是国王的状态，因此大地一片荒芜，牛不再繁衍，农作物停止生长，骑士遭到杀害，孩童成为孤儿，少女不断啜泣，到处都听得到悲痛的叹息，这一切都是因为渔夫王受了伤。

　　王国是否兴盛，仰赖统治者的精力或力量，这种想法十分普遍，未开化的人民更是深信不疑。世界上一些原始地方的王国，仍有在国王失去生育能力后将之杀害的习俗。杀害国王的仪式，可能缓慢，也可能残暴，总之大家的想法是，如果国王变虚弱了，王国就不会昌盛。

　　圣杯城堡陷入了麻烦的境地，因为渔夫王受伤了。依照神话所述，多年前，在渔夫王还是少年的时候，来到一处空无一人的营地，营火上烤了一条鲑鱼。渔夫王饿了，看到鲑鱼烤得正香，于是用手捏了一块，鱼肉烫得他立即把鲑鱼甩到地上，立刻含住手指降温，于是嘴里也吃到了一点鲑鱼肉，这就是渔夫王受伤的原因。在大多数的现代心理学中，大家均用这个名称来指代这位统治者。多年前的神话所产生的心理与文化含义，一路传承到现代男性身上。

当然，这个故事也有另一个版本：

年轻的渔夫王思春难耐，于是外出寻求消解欲火的方法。有一名异教徒骑士，则是因为似乎看见十字架在自己面前显形，出发去找寻心中的答案。两人在路上相遇，就像真正的骑士一样，他们放下面罩、压低长矛，朝对方冲去。电光一闪，异教徒骑士被杀，渔夫王的大腿受了重伤，也因此让王国遭难多年。

这是怎样的一幅景象！一位纵情施欲的国王与一位灵视中的骑士冲突交战。一个遭遇天性与直觉启发的灵魂，与另一个突遭灵视触动的灵魂，二者一触即发。就在这一场严酷考验中，发生了最高层次的进化，抑或是造成心理崩塌的致命冲突。

这场冲突代表的含义让我感到不寒而栗，因为人类欲望的天性因此毁灭，基督教的灵视也遭受创伤。现代男性终其一生几乎无法回避这样的冲突，必须去面对故事中提到的悲惨状态。热情因此被扼杀，灵视也受到重创。

圣乔治与龙的故事，源自十字军东征时代的波斯神话，也是讨论相同的主题。在与龙的格斗中，圣乔治与坐骑，还有恶龙都受了重伤，性命垂危。原本应该就这样死去，意外地，一只鸟啄了树上的一颗柳橙（有一说是莱姆），一滴复活的汁液就这样落入躺在树下的圣乔治口中。圣乔治起身，挤出复活的汁液滴入坐骑的嘴，让它复活，但没有让龙复活。

受伤的渔夫王这个象征，还有很多特质可以讨论。鲑鱼，或广义的鱼，是基督教的许多象征之一。在渔夫王与烤鲑鱼的故事中，少年渔夫王触碰到内心神性的一部分，但动作太快了，他因为鲑鱼太烫立即甩开，无预警地受了伤。不过手指上那一点点鱼的味道入了口，成为他永难忘怀的经验，之后则成为自身救赎的经验。但是，在第一次相遇时他却是被伤害的，由此成为受伤的渔夫王。青少年与意识的第一次接触，通常都会以伤害或苦难的方式来呈现。并且，这样的苦难会一直伴随着他们，直到多年后获得救赎与启发。

我们可以认为，大部分的西方男性都是渔夫王。每个男孩都曾天真地冲撞到对于自己来说过于庞大、无法处理的事物，在发展自己阳刚特质的过程中，因为过于烫手而甩开。此时心中会因此升起一股苦涩，就像渔夫王一样，无法与自己触及的新意识共存，却又不能完全舍弃。

每个青少年都会遭遇自己渔夫王式的创伤。如果没有受伤，就永远无法进入新意识状态。某些人称这种创伤为"快乐的过失"（felix culpa），也就是说，愉悦的过错带领我们进入救赎的过程，即离开伊甸园，从天真的意识毕业，进入自我新意识阶段。

眼看着青少年发现世界并不总是充满喜悦与幸福，以及他们的童稚、天真与乐观崩毁，其实是件痛苦的事。这会令人懊恼，却又是青少年成长的必经之路。因为如果我们没有被逐出伊甸园，就不会拥有新耶路撒冷。这正像是天主教常讲的美好句子："喔，幸运的过错是为了光辉的救赎而存在。"

渔夫王式的创伤，在现代可能与某个特殊或不公的事件相关，例如被他人控诉做了一件其实不是自己做的事。荣格的自传中曾经记述过这样一件事：有一次，教授评论班上同学的报告，逐一点出优点，但完全没有提及荣格的报告。最后教授说："有一篇是我看过写得最好的报告，但很明显全是抄袭。如果我能找出他抄袭的那本书，一定会让这个学生退学。"荣格费尽心力写出的报告，完全是自己的创见，却被教授误认为是抄袭，这对他来说，无疑是伤害，也就是荣格的渔夫王式创伤。自此之后，他不再相信这位教授，也不相信整个学校体制。

进化的阶段

从传统心理学的角度来看，男性的心理发展可以分成三个阶段，即原型的模式，从无意识的完美童年，进入到有意识的不完美壮年，再进入到有意识的完美老年。我们从一个天真的整体，也就是内在与外在世界合一的状态，来到内在与外在有着区分与差异，并伴随着生命二元性的状态，最后来到启示阶段，也就是内在与外在有意识地和解，并再度形成和谐的整体。

∾

我们看到渔夫王正处于从第一阶段到第二阶段的过程中。在没有完成第二阶段之前，没人能够讨论最后一个阶段。只有已经觉察到生命的二元区分性，人才能够进一步合一。我们能够通过多种心智训练的方法，讨论这种合一。但是，除非我们能够成功地区分内在与外在这两个世界，否则并没有机会去真正地以这种方式来成长。也就是说，我们只有离开自己内心的伊甸园，才能展开前往新耶路撒冷的旅程。讽刺的是，这两处其实是同一个地方，但我们必须绕很大一圈的路。

男性踏出伊甸园，进入二元世界的第一步，就是承受渔夫王式创伤：孤独与苦难的经验将引领他进入初步的意识阶段。神话告诉我们，渔夫王是伤在大腿。而在圣经故事里，雅各和天使摔跤时也是伤到大腿。凡是接触到超越人类的事物，不论是天使，或是以鱼形现身的基督，都会遭遇严重的创伤，不断呐喊呼唤着救赎。在心灵世界中，大腿受伤代表男性的生育力与发展关系的能力受损。所以这个渔夫王故事的另一个版本是，渔夫王受的其实是箭伤，一支箭刺穿了两颗睾丸，箭既穿不过去也拔不出来。不管在哪个版本中，渔夫王的命运是相同的——危及性命却又无法死去。

∽

许多现代文学的主题都聚焦于英雄的失落与孤独。而在现实中，走在街上，我们可以看到不少男性的脸上都挂着孤独感——渔夫王式创伤正是现代男性的标志之一。

这世界上的女性一定有过这样的经验：眼看着男性因为自己的渔夫王式创伤而痛苦时，自己却只能默默地在一旁观望。有些女性甚至会在男性觉察到自己的创伤之前，就已经发现他们在受苦，充分地感受到那种受伤的氛围环绕在其四周。遭受到这种折磨的男性，通常会做出愚蠢的举动，以便尽快地疗愈伤口，缓解心中的绝望。他们多半会无意识地向外寻求解决办法，抱怨工作、婚姻，或是抱怨自己在这个世界上的地位。

这就像是渔夫王躺在担架上，痛苦地呻吟喊叫，让人抬着到处走，唯有在他钓鱼的时候才能得到喘息。由此也说明，当出现意识层面的创伤时，受伤者只有进行内在工作，处理好造成伤口的意识层面的问题后，才能得以缓解。在渔夫王的故事中，钓鱼这个行为对疗伤有着重要的价值。

〰

渔夫王在圣杯城堡中管辖着他的宫殿，而圣杯城堡就是保管耶稣最后晚餐圣杯的地方。神话告诉我们，统治我们内心最深处宫殿的国王，会决定宫殿的调性与个性，也因此决定着我们整个人生。如果国王健康，我们就健康；如果内在的感觉正确，外在也会顺利。受伤的渔夫王管辖着现代西方男性内心最深处的宫殿，因此我们也可以推知他们的外在是充满着苦难与孤独的。的确如此：当王国不再兴盛时，收成会贫弱衰败，少女会悲伤不已，孩童则会失去依靠……这段文字栩栩如生地传达出，受伤的内心原型是如何影响每个人的外在生活的。

内在愚者

每天晚上，圣杯城堡内都会举行庄严的仪式。渔夫王躺在担架上，一面承受着肉体的痛苦，一面看着绝美华丽的队伍走进来：一名美丽的少女，带来刺穿十字架上耶稣的圣枪；一名少女，带来最后晚餐盛装面包的盘子；一名少女，手捧着从里向外透着金光的圣杯。在场的每个人都分得了圣杯中的酒，在尚未说出愿望时，就已明白了自己内心最深切的渴望。也就是说，除了受伤的渔夫王不能饮用圣杯中的酒之外，在场的每个人都可以喝。这真是世上最严厉的剥夺——眼睁睁地看着面前那些美好与神圣的事物，自己却不得不被隔绝于外。但其实，即便除了他之外所有人都饮用了圣杯中的酒，他们同样都会意识到自己内在的被剥夺感，因为他们的国王无法饮用圣杯中的酒。

我也曾有过这种与美好事物彻底隔绝的体验。许多年前，在某次回老家和父母一起过圣诞节的途中，我突然感到自己在这个世界上特别孤独、格格不入。当路过旧金山时，我驻足在自己最爱的慈恩堂前，当晚那里正好演出韩德尔的《弥赛亚》，我决定留下来欣赏这部伟大的作品。要知道，没有任何场所能比这座宏伟的教堂更适合这场精彩的演出了。但是在开演后几分钟，我突然心情差到必须马上离开。此时我才明白，自己根本无法去追求美好或快乐。即便这些事物唾手可及，一旦我自己无法真正地融入和参与，一切都是徒劳。换句话说，没有比发现自己缺乏创造爱、美或快乐的能力这件事，更令一位男性害怕和痛苦的了。如果内在能力遭到破坏，外在再怎么努力也没用，这正是渔夫王式创伤。

∽

不知有多少次，一些女性对男性说："看看你拥有的一切吧，有这辈子至今最好的工作，收入从没这么高过，还有两台车，周末可以放两天甚至三天的假。你为什么还不开心？圣杯就在手上，为什么不开心呢？"

此时男性通常会说不出口："因为我是受伤的渔夫王，无法触及任何一丁点的快乐。"

⌇

那些好的神话，是会告诉我们其所描述的困境是如何被解决的。圣杯神话就对这种苦痛的本质做了深刻的讨论，并用十分特别的描述给出了解决方案。

在这个故事中，曾提到宫廷愚者（高级宫殿通常会有常驻的愚者）很久以前便预言，等到一个全然天真的愚者来到宫殿，问出一个特定的问题，就能让渔夫王痊愈。啊，竟然是愚者来回应我们最痛苦的创伤！这实在令人惊讶，但其实自古以来的传统都是如此。在许多神话中，愚者虽或是最不可能拥有疗愈力量的人，但反而给大家提供了医治创伤的方法。

这个故事让我们知道，人类的天真能够安抚、治愈渔夫王的创伤。它暗示我们，如果受伤者想要痊愈，就必须寻找出与受伤时相同年龄、相同心态的内在部分。这也说明了渔夫王为什么不能治好自己，又为什么在钓鱼时，痛苦能够得到缓解，却无法根除。对于男性来说，要想获得真正的疗愈，就必须让和当下的自己完全不同的事物进入到意识中，并改变自己。如果始终停留在原有的心智状态中，这个人就无法治愈创伤。这也是为什么男性只有让自身属于年轻愚者的那部分进入到生命之后，才能治愈创伤的根本原因。

在我的咨询室中，如果我提出一个对来访者而言很奇怪或很幼稚的解决方案，对方通常会对我大吼："你以为我是谁？笨蛋吗？"而我会说："可是这会对你有帮助。"在我看来，我们必须看到自己的渺小，才能获得真正的救赎。

尤其是男性，必须承认自己拥有愚蠢、天真、不成熟的部分，才能真正治愈自己——内在的愚者是唯一能够碰触并疗愈渔夫王创伤的人。

他与她
从荣格观点探索男性与女性的内在旅程
HE：
Understanding
Masculine Psychology

SHE：
Understanding
Feminine Psychology

| 第三章 |

帕西法尔

现在要从渔夫王与创伤的故事，来到一个渺小到没有名字的男孩的故事。这个男孩出生于威尔士——一个当时在地理位置上属于文明世界的边陲、文化的沙漠，以及最不可能出现英雄的地方。但这也让我们想到另一个似乎出生在不可能的地方的英雄。拿撒勒（Nazareth）哪能出产什么好东西？谁能想象到威尔士居然让我们找到了痛苦的解决之道？神话告诉我们，真正的救赎往往来自最不可能的地方。这也再次提醒我们，让渔夫王式创伤获得救赎的过程，会让我们了解到自己的低下渺小（a humbling experience）。英文的"humble"（低下），源自"humus"，意思是土地、阴柔、未开化。这也让我们想到圣经里的提示："你们若不变成小孩子的样式，断不能进天国。"

荣格通过人格类型观察到，凡是受过教育的人，在情感、思考、感知与直觉四大功能中，一定有一项较为占优势，并因此形成自己的人格类型。优势功能会创造出人生大部分的高价值，以及人格力量中发展较快的部分，但同时也会造成我们的渔夫王式创伤。相反，弱势功能因为没有受到进化的影响，反而能够疗愈我们的创伤，所以在神话中，一个来自威尔士的男孩（天真的愚者），反而能够治愈渔夫王。

这个男孩出身低下，一开始的时候甚至没有名字。后来我们知道他的名字叫作天真的愚者帕西法尔。这个名字还有更深的含义，即代表着把相反对立的事物整合在一起。这也预示着男孩将扮演治疗者的角色，类似中文的"道"。

荣格曾讲述过一件迫使他只能依靠自己弱势功能的事：当时，他和弗洛伊德针对无意识的本质起了争论。弗洛伊德认为，无意识集合了人格所有的弱势元素以及人生中没有价值的部分。荣格则坚持认为无意识是矩阵，会自动地涌出各式各样的创意。弗洛伊德不觉得如此，两人因此产生了巨大的分歧。对于荣格来说，与弗洛伊德的冲突，实在是件让他惊恐之极的事。他当时年轻又没有经验，还没建立起自己的声望，与弗洛伊德发生冲突，很可能意味着他的事业连开始都谈不上就要胎死腹中了。

好在荣格知道该到哪里去寻求疗愈这次创伤的方式，那就是自己的内心世界。他把自己锁在房间里，等待着无意识的到来。很快地，荣格在无意识的驱使下，坐到地上玩起了幼稚的游戏。他天马行空地回想着美好的童年时光，让其占满了自己全部的注意力。接下来的几个月中，他每天都会沉浸在这份独特的想象世界里，并在自家的后院搭建石制的村庄、城镇与碉堡。他用小男孩的心态幻想出一切，并相信着这份看似孩子气的体验。而这次体验，正是集体无意识的首次亮相，它是荣格心理学派留给后人的独特礼物。也正如此，荣格愿意相信每个人内在的帕西法尔是能够为渔夫王式创伤提供解决之道的。

帕西法尔（我们可以这样称呼这个男孩，虽然直到故事的后半部分，他才得到这个名字）是由母亲抚养长大，她的名字叫作心痛。男孩对自己已经过世的父亲一无所知，也没有任何兄弟姐妹。有趣的是，在神话中，多数能够救赎他人的英雄，是没有父亲且出身低下而孤独的。

帕西法尔在质朴的农家环境中长大，衣着简陋，不知学校为何物，不懂得如何向他人提问，没有受过任何教育。

有一天，刚步入青春期的帕西法尔在外面游玩，遇见五名骑士骑着马经过。这些骑士穿着金红相间的华服和盔甲，持有盾牌、长矛，全副武装，闪亮的外表让帕西法尔简直无法直视。帕西法尔兴奋地跑回家，告诉母亲自己遇见了五位天神。他深深地着迷于如此华丽的景象，决定加入这五位威风骑士的队伍中。

母亲听完后不禁大哭出来。原来，帕西法尔的父亲也是一位骑士，因为在战场上失算而惨遭杀害。母亲之前曾想尽办法不让帕西法尔知道自己的身世，却没办法阻止他从父亲那里继承而来的骑士血液再次骚动起来。

于是心痛（只要是身为母亲，在这种时候绝对是这样的心情）将帕西法尔的身世和盘托出：他的父亲是一名骑士，为了拯救一位美丽的少女而死。他的两个哥哥也是骑士，同样在战场上惨遭杀害。为此，心痛带着他来到偏远的地方，将他抚养长大，就是希望他能够远离与父兄相似的命运。

可惜的是，帕西法尔在听完母亲的话后不为所动，依然坚定地要步父亲的后尘，成为一名骑士。心痛选择放手。在帕西法尔出发前，她叮嘱儿子要照顾好自己，并再三告诫他，一定要远离那些美丽的少女，不要向她们问太多的问题。同时，她还送给帕西法尔一件自己手织的长袍。告诫和长袍，正是这两样来自母亲心意的礼物，随后反复出现在帕西法尔的故事中，发挥着重要作用。

帕西法尔的旅程

帕西法尔开心地出发寻找那五名骑士，像个真正的男人一样开始追求自己的事业。

他询问路上遇到的每个人："那五名骑士在哪里？"我们可以感受到，这个男孩在寻找五名骑士的过程中，目光所透露出的疑问："'它'在哪里？"这个"它"的定义一直是相当模糊的。这也不难理解，因为男孩第一次接触到生命中"五"这个数字的意义与价值，并花费了大部分时光去追寻答案。"五"这个数字在心灵世界中代表着生命的完整，也是"本质"（quintessence）一词的词根（quint–，五）。虽然到处可以看见"五"这个数字，却很难加以描述。尤其让一个年仅十六岁的男孩去探寻其完整的深意，并促使他迈向探寻之旅，这件事其实有点残忍，但它恰恰是灵性生命所需要的动力。

在冒险与追寻的路上，帕西法尔发现一处帐篷。他在简陋的小木屋中长大，从来没有见过帐篷。这个帐篷是他见过的最华丽壮观的地方，因此他觉得自己来到了母亲曾和他讲起的神圣大教堂。帕西法尔冲进帐篷里想要朝拜，却在里面看到一位美丽的少女。帕西法尔不知道的是，这只是开端，随后他还会遇到许许多多光彩耀眼却又令人捉摸不清的美丽少女。

帕西法尔记得母亲的告诫，要尊重女性，也记得不要问太多问题。于是他小心翼翼地抱了抱少女，并取下她手上的戒指作为护身符。这枚戒指将指引他接下来的人生。

你见过初次约会的少年吗？他们就是那个第一次笨拙地闯入美丽少女帐篷的帕西法尔。

帕西法尔的母亲曾告诉他，在神的教堂中，能够得到所有的滋养，得到生命需要的食物。而他在帐篷里看到了一整桌丰富的宴席。那位少女正等待着追求自己、自己也十分心仪的骑士到来，因此尽其所能地准备了豪华的宴饮。但在帕西法尔的眼中，这正是预言的应验——这里是神的殿堂，有着美丽的少女以及他想吃的食物。一切都符合母亲所说的话。于是，帕西法尔在餐桌边坐下吃了起来，那一刻，他觉得人生真美好。

几乎在同时，少女发现帐篷里有个卓尔不凡的人。她并不感到生气，因为这个人看起来非常圣洁、质朴，而且毫无伪装。她拜托帕西法尔立刻离开，因为她知道，如果心仪的骑士看到帕西法尔在帐篷里，一定会杀了他。

帕西法尔听从少女的话，离开了帐篷。他发现人生就和母亲告诉他的一样美好。

红骑士

帕西法尔逢人便问如何成为一名骑士。大家告诉他要去亚瑟王的宫殿，并告诉他，只要足够强壮、勇敢，他就能获得亚瑟王的册封。

帕西法尔找到前往亚瑟王宫殿的入口，但是因为天真的态度、简陋的手织长袍，以及询问如何能册封为骑士的鲁莽，他被人嘲笑着轰走了。大家告诉他，册封骑士的条件十分严苛，只有在完成许多勇敢而高贵的任务之后，才能获得这份荣誉。好在帕西法尔并没有因此气馁，他不断地请人帮忙，最终被带到亚瑟王本人面前。亚瑟王非常亲切，非但没有责备帕西法尔，还告诉他，在获得骑士册封之前，必须学会很多不同的事物，比如要精通骑士格斗的所有技巧，还有各式各样的宫廷礼仪等等。

此时一件有趣的事发生了：在亚瑟王的宫殿中，有一位已经六年没有笑过的少女。宫殿里传说，只有当这个世界上最优秀的骑士出现后，这位少女才会展露笑颜。令大家瞠目的是，少女一看到帕西法尔就开心地笑了。宫殿里的所有人为之惊诧，显然这世界上最优秀的骑士出现了！这个穿着简陋、没有受过任何教育的天真年轻人，居然是世界上最优秀的骑士。太神奇了！

用心灵世界的说法来解释是，直到帕西法尔的阳刚部分出现之前，阴柔部分的特质不具备快乐的能力。当阳刚部分被唤醒，另一个内在特质也会变得快乐。所以少女才会在看到帕西法尔的时候，开心地大笑出声。当大家看到原本面无表情的少女笑了，不免对帕西法尔多了几分敬意，而亚瑟王更是当场就册封他为骑士！

我也曾有过类似的经验。一名男性来访者哭着来到我的咨询室，整个人似乎都陷入人生黑暗之中。我和他沟通十分困难，因为他除了自己的恐惧之外，几乎什么都看不见。于是我讲了许多神话给他听，希望引领他投入到这些情节中，当帮他找到自己内在的帕西法尔，即他自有的天真特质后，他很快笑出声来。然后他有了能量与勇气，并将它们呈现在自己原本毫无生机的生活中。他的反应很正常：当一位男性内在的帕西法尔被唤醒后，其体内就会汇聚能量，让自己充满斗志与活力。

帕西法尔来到亚瑟王面前说："我有个请求，希望能得到红骑士的坐骑与盔甲。"大家哄堂大笑，因为在亚瑟王的宫殿里，从没有任何骑士能与红骑士媲美。亚瑟王也笑了，说："你得到我的允许，可以拥有红骑士的坐骑与盔甲，不过前提是，只要你能拿到手。"

帕西法尔刚刚离开亚瑟王的宫殿，就在大门口遇见红骑士。神奇的红骑士强大到可以随心所欲、无所畏惧，因为宫殿里没有任何人能成为他的对手。他曾夺走银色的圣杯，却没有人能够阻止。红骑士的最后一次侮辱举动，就是把一壶酒泼在了桂妮维亚王后脸上。

帕西法尔觉得红骑士的红盔甲与血红上衣、坐骑身上的装饰，还有所有的骑士装备，都非常耀眼。帕西法尔挡下红骑士，开口向他要盔甲。红骑士被面前这位愚蠢的年轻人逗乐了，哈哈大笑说："好啊，只要你能拿到手。"

两人依照骑士决斗时的习惯，摆好架势准备开战。不过一两招后，帕西法尔便被狼狈地打倒在地。但是在倒地的瞬间，他往红骑士身上扔去匕首，正中对方眼睛要害。这是帕西法尔唯一的一次杀人经验，也象征着年轻人发展中非常重要的部分。埃丝特·哈汀（Esther Harding）在《心灵能量》（*Psychic Energy*）一书中，曾用相当的篇幅讨论心灵能量的进化，也就是从直觉阶段进入到自我控制能量阶段。帕西法尔杀了红骑士的那一刻，便从红骑士身上吸收一股非常大的能量，换句话说，他将强大的直觉能量转移到自己身上，变成自我的能量。

～

　　我们可以说，这就是帕西法尔从男孩转变为男人的重要时刻。接下来，他会重新定位这股能量，从自我转移到真我，或是将人格重心转移到比个人生命更为伟大的事物上。这些都可能成为神话中后面发生的情节。

　　帕西法尔一生打败过许多骑士，但没有人死在他手中（除了红骑士）。在打败对方后，他只要求这些

帕西法尔与红骑士对战，红骑士被打败

骑士必须前往亚瑟王的宫殿，宣誓效忠这位尊贵的国王。这是一个男性处于中年阶段所经历的过程：在吸收一个又一个的能量后，将这些能量奉献给尊贵国王。这正是男性生命迈向崇高的过程，也是心灵发展中的最高成就。

红骑士的死亡没有后续的解释。值得思考的是，如果红骑士没有遭到杀害，而是被要求对亚瑟王效忠的话，会对西方文化产生什么影响。有一篇针对印度文化的研究，为我们提出了处理自己体内红骑士能量的一种方法。它告诉我们，可以降低生命中善恶二元对立的状态，进而减弱红骑士的力量，而不是去扼杀这股充满活力的特质，将之束缚在自我之下。可惜的是，西方的处理方式是让自己做个英雄，不管是消灭或打败自己内在的红骑士力量，只要胜利就可以。

战胜红骑士这件事，可能会发生在年轻人生命的内在或外在部分，两者皆有可能。如果一个年轻人像大部分人一样，遵循外在的生活轨迹，他就必须完成某项艰巨任务的挑战。比如他需要在球类比赛、耐力竞技或其他类似场合中赢得胜利。

而生命中的一个令人痛苦的真相是，胜利往往建立在另一个人的损失上。也许这就是红骑士被杀的意义——只有看到败者的失落，胜利的滋味才会格外甜美。这种做法可能是一种雄性基因的传承，也可能是一个未来可能被超越的进化阶段。但不管怎样，战胜红骑士这件事，既残酷又血腥。

　　战胜红骑士也可能发生在我们的心灵世界。当一个年轻人改变了自身粗野、鲁莽的性格，控制住自己的暴力或取巧说谎的行为，都说明他战胜了自己内在的红骑士能量。这一变化会在男性从男孩转变为男人的过程中，发挥着重要的作用。

　　当然，如果与红骑士的决斗失败了（不管是内在或外在），这股能量都会在人格中流窜，外显为恶棍、暴徒或是愤怒的年轻人，当然有时也会以遭受暴力与挫败的相反类型人格来呈现。

　　可以说，红骑士是男性特质的阴影面，是一种先天具有毁灭性的负面力量。男性想成为真正的男人，就必须与这个部分对抗，但是又不能完全去抑制它。尤其是男孩，一定不能压抑自己的这个部分，因为红骑士所蕴藏的阳刚力量，能让他在成人世界中更好地存活下去。

回到故事中。帕西法尔现在拥有红骑士的盔甲与坐骑，在那个时代，所谓的征服就是占有。也就是说，红骑士的能量现在受到帕西法尔的掌控，可以为他所用。

他想要穿上红骑士威风的盔甲，但是从来没有看过这么复杂的扣环，所以不知道该怎么穿上。一名侍童从亚瑟王的宫殿跑出来，想知道决斗结果，顺便帮帕西法尔解开了扣环的秘密，以及帮助他了解到复杂的骑士精神。侍童催促帕西法尔把身上简陋的手织长袍脱下，认为它实在与骑士的身份不搭。但是帕西法尔拒绝了，并且紧紧抓着母亲送给他的这件连身长袍。

由于这个情节之后还会出现许多次，我们需要思考一下，紧抓着母亲手织长袍的动作，对帕西法尔来说，究竟意味着什么？

我们不妨设想：当帕西法尔把象征着成人荣誉的盔甲，穿在母亲送的手织长袍外面，并骑着马离开，是否很像是一个还未长大的男孩用新得到的荣誉，来掩饰自己依然存在着的恋母情结？

一个有恋母情结的男性，一方面会渴望自己在成人世界中拥有尊严、荣誉和一席之地，一方面又不愿因为自己的成长而背叛自己的母亲。可以想象得到，在这种冲突中，真正的骑士精神其实是很难在当时的帕西法尔身上得到良好发挥的。

另外，故事中还有一个值得注意的小细节：虽然帕西法尔骑着马出发了，却没人教他如何让马停下来。于是帕西法尔骑着马一整天，直到人和马完全累坏了才停下。这个细节说明什么？是否会让我们回想起自己曾经熟悉的一种场景——在年轻时开展一项工作时，往往是开始时觉得很容易，但到收尾时却觉得艰难异常？这些都是从男孩到男人过渡的必然经历。

古纳蒙

接着帕西法尔遇见了教父古纳蒙。在男孩转变成男人的阶段，能遇到教父真是上天的恩赐！亲生父亲在儿子进入青春期时，可能已经失去力量，或者亲子间的对话变得稀少。儿子在还无法独立的状态下，又因为太过桀骜不驯，而不想和父亲讨论私密话题。当父亲无法继续与青春期儿子连结时，儿子需要教父，一位能继续教导他的男性。古纳蒙代表教父的原型，他花了一年的时间训练帕西法尔各式各样与骑士精神相关的事物。

古纳蒙传授帕西法尔许多关于成年男性的重要信息。例如绝不诱惑美丽的少女，也不为对方所诱惑。要全心全意地寻找圣杯城堡。当帕西法尔来到圣杯城堡时，还要问出这个问题："究竟谁是圣杯的主人？"如果不是为了崇高的目标，骑士精神有何价值？等等。古纳蒙教导的这些事都值得重视，我们很快就会在故事中发现它们的价值。

当训练完成后，帕西法尔突然想起自己的母亲，于是想要回乡探望。这也提示我们，当一个男孩承受太多的阳刚能量时，他必须再度与母亲的阴柔能量产生连结。

帕西法尔回家寻找母亲，结果发现在自己离开后不久，母亲便心碎而死。我们应该记得，帕西法尔的母亲叫作心痛，这个名字本身已暗示着一种母性特质。当知道母亲的死时，帕西法尔非常有罪恶感，但不可避免的是，这正是男性特质发展的一部分——儿子需要以某种方式离开母亲，不然就无法成为真正的男人。如果儿子一直和母亲在一起，安慰她、保护她，就会永远停留在恋母情结的阶段。而母亲通常会尽己所能想要留住儿子。要求儿子对自己完全忠诚，正是最微妙的方式之一。但如果儿子完全臣服于母亲，那么她就会发现儿子在男性特质上有着严重缺陷。所以，儿子必须离开母亲出发，就算这看起来是一种背叛行为，母亲仍必须承受这种痛苦。

之后，就像帕西法尔一样，儿子会回来探望母亲，母子也许在新的层次上发展出新的关系。但这只有在儿子完成第一次独立行为之后，才能达成。此时，儿子要能将自己对母亲的情感转移到另一位女性身上，不管是从内认同自己内心阴柔特质的一面，或是在外找寻一名与自己年龄相仿的女性伴侣。

在这个故事中，帕西法尔的母亲在他离开后就死了。也许她象征的是那些仅仅以母亲身份而存在的女性。当母亲这个角色消失时，这些女性只能死去（无论是身体或心灵层面的死去），因为她们唯一存活的身份是母亲，并不知道如何成为一名独立的自己。这对女性来说，是一种警示。

白花

许多人抱持着坚定的信念踏上人生的旅途，但对于为什么会选择这条特殊的路，或是最后究竟会去往何处，在心理层面上的理解却十分稀少。有时候他们拥有明确的目标，却无法抵达终点。对人们来说，命运通常无法预期，也许他们会完成意义更深远的目的。帕西法尔探望母亲的旅途也是如此。他没见到母亲，但却遇到了白花，一个美丽的女子，从而找到人生中仅次于圣杯任务的重要目标。

白花的城堡遭受攻击，身陷困境。她恳求帕西法尔拯救她的王国。帕西法尔遵从"在必要的时候，男人会知道自己有多大的力量"这条深奥的戒律，击退了进犯白花王国的敌人。帕西法尔先找出敌军的副将，向他提出决斗的挑战，并在最后一刻饶对方一命，要求他前往亚瑟王的宫殿宣誓效忠。接着再找出敌军的主将，以同样的方式打败对方。这就是圆桌武士漫长集结的开端。

当然，这也是用文学的手法来描述荣格所讲的"转移人格重心"的过程。这是一种高度个性化的过程，将不驯的阳刚能量抽取出来，进而加入亚瑟王与圆桌武士所代表的人格意识中心。可以说，在人的前半生中，没有任何目标会比这个目标更崇高或伟大的了。

在保护白花的过程中，帕西法尔完成了他的英雄使命。白花是帕西法尔效忠的淑女、灵感的源泉、英雄行为的核心，也是帕西法尔所有成就的缘由。这并不是偶然，在寻找母亲的过程中，鲁莽的帕西法尔来到赋予灵感与启发的淑女面前，遇见他真正的生命动力。这个充满诗意与美感的时刻，正是荣格所说的男性发现了自己内在的阴柔特质，也就是所谓的阿尼玛（Anima），它能够激励男性的内在生命之泉。白花的确名副其实。

如果把白花视为现实中有血有肉的女人，那她在后续故事中的表现让人非常失望，因为她就只是待在城堡里，成为一种灵感的象征，又或是情感的护身符。帕西法尔偶尔会因为渴求她的美丽与信任，而冲回来探望。也就是说，如果作为男性心灵深处的内在阴柔力量，白花是生命真正的核心。她手上的一朵玫瑰，或是一个赞许的眼神，便足以为帕西法尔提供力量，去完成最英勇的战绩。虽然如上描述是借用中古世纪的用语，并以骑士精神来解释，但在现代的男性身上，这种情况仍然不少见。

在击退外来的袭击之后，帕西法尔就会回到城堡与白花共度一夜。故事详细地叙述了他们如何亲密拥抱、同床共枕，头、肩、臀、膝、趾等紧紧缠绕一起。但这个拥抱非常纯洁，也没有违背骑士的誓言：绝不诱惑美丽的少女，也不为对方所诱惑。他必须遵守这个誓言，才有机会遇见圣杯。

由此我们不难看出，许多内在的真理，如果置换到一个与其价值观和深度不符的层次，就会削弱其真实性。比如将处女怀胎的基督诞生故事看成单纯的历史事件，就会模糊了这件事至关重要的价值。

也就是说，我们对宗教的传承更像是找到一张地图，它是对我们内在世界的指引，而不是对外在行为的束缚与规定。如果仅仅从字面意义去看待这些来自宗教的教导，就会错失其真正的灵性部分。从物质主义角度来看，它们远比那些被认为是恶魔言行而遭到谴责的事物更加有害。

他与她
从荣格观点探索男性与女性的内在旅程

HE: **SHE:**

Understanding   *Understanding*
Masculine Psychology   *Feminine Psychology*

| 第四章 |

贞洁

古纳蒙的教导："绝不诱惑美丽的少女，也不为对方所诱惑。"对我们的故事来说，具有深刻的意义，甚至值得花一整章的篇幅来讨论。

请切记，这里对于神话的研究就像是梦的解析，所以许多规则都能通用。梦境基本上是我们内在的运作，梦的每个部分都可以解释成做梦者的一部分。举例来说，如果一名男性梦见了美丽的少女，那么几乎可以确定，这代表着男性本身内在的阴柔特质。此时如果把这样的梦中人物直译，诠释为做梦者的性趣或对于现任女友的看法，未免太肤浅了。如果犯了这样的错误，这个梦境也就失去了其真正的深度①。同样，在神话故事中，如果我们按照字面意义去解读古纳蒙的教导，就会觉得很可笑，像是在看一幅描述中古世纪骑士精神的讽刺漫画。

帕西法尔的这种内在阴柔特质是什么呢？其实是

---

① 进一步的讨论可参见作者另一著作《与内在对话：梦境·积极想象·自我转化》(*Inner Work: Using Dreams and Active Imagination for Personal Growth*)。

他人格中柔软的一面。这对于男性来说是十分珍贵的，一旦错误解读，就会为自己带来伤害。

情绪与感觉

感觉（feeling）是一种判断好坏的能力，情绪（mood）则是被内在阴柔特质掌控或占有的部分。按照荣格的本意，感受功能是作出价值判断的功能，起到决策作用，会对某一事物好或坏做出决定。情绪（我们感到词穷，因为找不到其他恰当的词汇用来描述被情绪掌控的状况）则是被我们的阴柔特质所俘获，被不理性的元素束缚，于是会表现出一些不同寻常的行为。

男性阴柔的一面，其实是为了让他能连结自己内在的深处，桥接最深层的自我①。在通常情况下，男

---

① 严格来说，情绪二字只能用来描述男性的经验，因为发生在女性身上的现象大不相同，应该另选词汇。但我们找不到这样的词汇，也无法用语言贴切地描述出女性生命中的经验。在这样的情境之下，发生在女性身上，与男性情绪相对应的现象，便划分到女性内在阳刚的一面，因此充满了锐利、刺痛、挑战、针对等特质，这些都是阳刚特质的负面状态。这和男性的情绪很类似，也是阴柔特质负面的状态。进一步的讨论可参见本书第二部分"她"。

性必须在感觉与情绪之间做出选择。如果选择了其中一方，那么另一方就不会发生。情绪阻挡了真正的感觉，虽然情绪有时可能看起来像是感觉。如果男性产生了情绪，或者更精确地说，被情绪扰动自己，那么他就会丧失真正的感觉能力，也会丧失建立关系与产生创意的能力。这种状态用心理学来表达，就是这位男性引诱了自己内在的阴柔特质，或是受到阴柔特质的引诱。此时，这位男性就要注意了，绝不能在外表上表现得过于女性化。因为受到情绪掌控的男性，就像月光下的日晷，无法正确报时。男性的内在阴柔特质如果被放在正确的位置，就能成为"缪斯女神"，如果他打扮得过于女性化，将阴柔特质外显出来，与自己的外在世界连结，并不是正确的利用方式。我所使用的"利用"一词，在此十分切合——如果一位男性以情绪化的方式将周围的人事物与自己的内在连结起来，那么这些人事物就会感觉到自己"被利用"，而不是作为一种真实的存在。相反地，感觉则是男性能力中强大的部分，会产生真正的温暖、柔和、善意与洞见。

许多现代男性常把自己与内在阴柔特质之间的连结断掉，投射到现实世界中的某个女性身上。人类女性本身是一种奇迹——如果某位男性将自己的内在女性特质强加在她们身上，她们自身的美好会被掩藏。同样地，如果用外在世界的规则来强迫她们，这位男性的内在女性特质也会因此蒙尘[①]。

男性与其内在女性的关系只有两种：拒绝（阴柔特质会以糟糕的情绪与破坏性的引诱方式来呈现）或是接纳（发现自己这一生都能拥有温暖与力量的陪伴）。如果男性被情绪的魔咒束缚，认为内在女性真实存在于"外在世界"，那么他就会失去建立真实关系的能力。不管是"好情绪"或是"坏情绪"都会造成这样的结果。

男性的创意，直接与内在阴柔特质的成长与创造能力相关。男性的许多天赋，来自内在阴柔特质，而阳刚特质则帮助他通过形式与结构将创意呈现于外在世界。

---

① 进一步的讨论可参见作者另一著作《恋爱中的人：荣格观点的爱情心理学》（*We: Understanding the Psychology of Romantic Love*）。

晚年的歌德，通过名著《浮士德》得出伟大的结论：男性的职责就是服侍女性。《浮士德》的结尾写道："永恒的女性带领我们前进。"这里指的正是男性内在的女性。也就是说，服侍圣杯就是服侍内在女性。

当敏锐的女性在生活中遇到被情绪掌控的男性时，马上会有所警觉，因为二人之间所有真实的交流，在那一刻其实是中止的。在通常情况下，只要男性的眼神一闪，女性便知道他并不想建立真正的关系。即使掌控男性的是那些好情绪，也会对关系有所影响。所有与这种连结相关的能力，包括客观角度与创造能力，都会在情绪的影响下被遏制。借用印度文化的话讲，服侍幻象女神（等同于阿尼玛）会消耗掉个人所有的现实，并被虚幻的非现实所取代。

当然，我们并不会永远无法遇见圣杯，不过，只要被情绪主宰着，圣杯就一定不会出现在我们面前。这是因为，情绪会让我们那些发现这个世界光辉的视角全部消失掉。此时的人啊，就像是为了一团混乱的幻象而活，已经失去了看到本质的能力。

被情绪掌控的最糟糕一点是，我们会被它剥夺生命所有的内在意义。突然间，"外在世界"占据我们的生命，个人的价值观或快乐感，全都受到"外在世界"的掌控。我们只想攫取外在的成功，或是赢得美人的芳心，而不会注意到自己其实已经失去了生命的内在意义，而它才是我们生命中真正稳定的部分。并且，被情绪掌控也剥夺了我们对外在世界的正确认知，让我们无法欣赏到这个世界真正的美好和恢宏，无法找到这个世界的独特价值。

消沉与高涨

消沉（depression）与高涨（inflation）是情绪的两个代名词，它们都会导致被真正自我以外的事物所淹没的感觉——这其实是男性的弱点与缺陷。

情绪会促使人不断追求外在的人事物，以获得价值与意义。回想一下：哪个美国人的车库不是堆满东西？它们起初都是屋主买来满足自己的意义感的，但是过不了多久，它们就会被丢弃。客观地讲，物品本身是有意义的，只要恰当地连结，就会为我们带来极高的价值，但是如果想要为物质附加上内在价值，我们注定会输得一败涂地。唯一的例外是，那些作为象征或在仪式中使用的物品，它们的确可以产生内在价值。比如，一个朋友送给我们一份礼物，只要双方都有意识地维系这份礼物所代表的友情，礼物就被赋予了内在价值。除此以外，如果一个物品被随意地强加上价值，我们最终只会失望，并将其抛弃到车库杂物中。

事实上，物品本身并没有好坏，我们可以在这个周六带着钓具，度过美好而放松的垂钓时光；下个周六也可能因为某些原因，在钓完鱼回家后依然情绪很糟。我们的意识会决定这两种体验是不同的。外在价值与内在价值都是再真实不过的，只有在它们彼此混杂时，才会造成混乱。

一旦被情绪掌控，男性就无法主宰自己的内在。当情绪篡夺了主宰位置，男性的反应就像是在和某个篡位者对战。不幸的是，他常常会选择那些并不恰当的对象来挑起战争，比如对自己的妻子、身边人故意找碴挑刺，引发争端。

在神话中，常常会用遭遇恶龙来描述英雄的内在自我之战。与中古时期相对比，现代男性面临的"恶龙征战"并没有减少。我们可以改编古老的神话，让它们在现代生活上依然具有意义。

快乐

好情绪和坏情绪其实一样危险。想要从周遭环境获得快乐，就是施行那种引诱内在美好少女的黑魔法。虽然不是那么明显，但这和受到美丽少女的诱惑一样，同样会让圣杯蒙尘。

有个容易被忽略的不同之处是，这种热情洋溢、激动翻腾、几近失控的情绪，其实十分受男性的欢迎，但从本质上讲，它是一种情绪掌控，和坏情绪同样危险。打个比方，这就好像是被坏情绪掌控的男性在引诱自己内在的阿尼玛，掐着她的脖子说："你要让我感到快乐，不然就让你好看！"这会让阿尼玛屈从于这种需求，耽溺于各种肤浅的好情绪或无休无止的享乐中。

~

也就是说，被这种高昂的好情绪束缚，其实也是受到内在女性（阿尼玛）的引诱。内在女性把男性推到令他目眩神迷的天际，让其在高涨情绪中体会到自己貌似恰当的期望、与快乐相似的美妙体验。不过，在如此引诱之后，却会让男性为此付出极高的代价，从高处狠狠地摔落在地上。命运会反复地将男性从消沉带往高涨，或是让他从高峰跌落谷底。

而我们要知道的是，只有地平面（中国传统文化所说的"道"，也就是中庸之道）才是圣杯的所在之处，真正的快乐也只能在这里找到。这并不是妥协后的灰色地带，而是拥有真实色彩、意义与快乐的地方。它和现实世界一样重要，是我们真正的家。

另外，还有一种引诱的方式，是预支快乐。我认识的两名年轻人计划去露营，在旅程的前几天，他们兴奋地想象这次露营会有多好玩。被好情绪掌控的所有特征都显露出来。此时，露营所用到的各种器具仿佛变成圣杯：这两个年轻人满脑子都是野营刀有多么锋利、童军绳又是多么坚固等等，早早地预支了露营过程中的所有快乐。后来我得知，他们来到预定地点后，花了半天时间四处走走，却不知道该做什么，于是又坐上车，当天就回家了。他们其实是把自己本该在露营中体验的快乐预支了。

现代西方男性对于快乐的本质有一些误解。英文字源说得很清楚："快乐"（happiness）是从动词"发生"（happen）而来，代表着只有发生的事才能带给我们快乐。那些在这个世界上简单生活着的人们，正是抱持着这样的态度。他们的生活充盈着一种我们不太能理解的平静与快乐。比如在贫穷的印度，农夫常常会感到很快乐；让墨西哥的劳工感到快乐的事其实很少，但他们却看起来无忧无虑……这正是因为他们了解让自己快乐的方式，并满足于自己现有的生活。他们的快乐都来自生活中的点滴小事。

一位印度智者曾说过，最崇高的祭祀就是让自己快乐。但请注意：这种快乐指的是内在深层的状态，而不是情绪。苦修士汤马斯·默顿（Thomas Merton）曾说过，修士常常觉得很快乐，但日子其实从不好过。这正是区分快乐与好情绪的另一种方法。

在过去很长的一段时间里，我一直以为人受到情绪左右，是和罹患感冒一样的。但慢慢地，我发现情绪是无意识的产物，能够通过我们的意识来修正。

情绪与热情（enthusiasm）刚好是对比。热情是人类语言中最美好的词汇之一，意思是"内在充满了神"（en-theo-ism）。热情是一种让人感受到极大奖赏与信任的体验。而在其相反的一边，则是被情绪痛苦地掌控。如果一个人充满热情，他在大笑时会让人感觉到圣洁；如果一个人因为情绪的影响而失去理智，就是一种亵渎。也就是说，热情是令人愉悦的，情绪则会导致沮丧。

女性在自己的男伴陷入情绪中时，必须要小心处理。如果她和对方的情绪硬碰硬，开始刺激对方，只会换来非常负面的结果。在这种情况下，她可以有更聪明的做法，那就是用比男性的情绪更加女性化的方式来应对，将自己最深处的阴柔特质完全展现出来，与男性错置的阴柔特质形成对比，这样会让男性在现实中获得优越感，从质量低下的情绪中解脱出来。

或许有些女性很想刺激或打击对方，但如果换一种方式：在男性受困于他的内在阴柔特质时，把自己与生俱来的阴柔特质变成对方的定锚，会产生一种前所未有的创造力。这需要女性拥有清明与健全的阴柔特质，而这正是女性经过无数次与自己内在的"恶龙"交战，最终保卫了自己内在女性王国后，才能享有的成果。

女性也必须了解，男性不像女性一样，能够确切地掌控或觉察内在的阴柔特质。许多女性误认为，男性应该和自己一样，对阴柔特质中的光明与黑暗、天使与女巫的交替更迭，有着强有力的掌控。但其实，男性无法拥有和女性一样的控制力。如果女性能够明白，男性了解自身阴柔特质的能力落后于女性很多，她们就会对男性更有耐心、更加体贴。同样地，在生活的其他层面也是如此。

神话中的帕西法尔与白花，示范了男性与其内在女性之间的正确关系。两人非常亲密、相互温暖，为对方打造着有意义的生命，但两人之间并没有引诱的存在。这定义了男性与其内在女性之间最崇高的关系。

不过，如果把这种关系套用在现代男性与现实中的女性身上，很可能会被认为是可笑的童子军故事。

而这种在应用层面上的误解，对一些始终遵循着中古世纪骑士精神的人来说，更是一种伤害。他们坚信，内在关系有着自己固定的运作方式，外在关系同样拥有明确的规矩，两者不能混用。

他与她
从荣格观点探索男性与女性的内在旅程

HE：　　　　SHE：
Understanding　　*Understanding*
Masculine Psychology　*Feminine Psychology*

| 第五章 |

圣杯城堡

故事继续。

◇

帕西法尔白天持续着英雄的冒险旅程，到了傍晚便询问附近是否有小屋或旅店可以让他过夜。大家都说方圆三十英里内没有任何可以住宿的地方。

不久，帕西法尔看到有个人坐在湖上的小船垂钓。他询问对方知不知道哪里可以过夜。这个钓鱼的人，也就是渔夫王，他邀请帕西法尔到他简陋的住处。"沿着这条路往前，左转，过吊桥。"帕西法尔照着指示前进，通过吊桥之后，桥突然升起，打到坐骑的后蹄。帕西法尔不知道的是，进入圣杯城堡是非常危险的，因为这是渔夫王的家。许多年轻人都在吊桥上落马，因为这里是从凡人世界通往圣杯城堡的必经之地，也是现实与内在世界的转换之所。

帕西法尔突然发现自己来到城堡的主楼，四名年轻人带走他的马，让他沐浴，换上干净的衣服，引领他到城堡主人渔夫王的面前。渔夫王躺在担架上道歉，因为自己受伤所以无法起身正式招呼。城堡里的所有人，四百位骑士与淑女聚集一起迎接帕西法尔，美妙的仪式就要开始。

看到如此华丽的场景，我们应该知道，帕西法尔已经落入内在世界，也就是精神与转化之地。这次特别强调数字"四"：四百位骑士与淑女、四名年轻人、巨大暖炉的四个面指示着罗盘的方向。它们全都象征着内在世界的灿烂辉煌。这里的确是保护最后晚餐的圣杯所在的圣杯城堡。

盛大的仪式正在进行着。渔夫王躺在担架上痛苦呻吟。一名美丽的少女带来刺穿耶稣基督的圣枪；一名少女，带来最后晚餐使用的盘子；一名少女，最后捧着圣杯进来①。

豪华的宴会开始了，每个人都从圣杯或盘子里得到自己似乎没意识到想要的东西，但渔夫王除外。因

---

① 这是男性心理运作中内在女性正确的定位；内在女性是男性获得内在世界各种价值的媒介。

为身负重伤，他无法从圣杯中饮酒，因为被剥夺权利，他的痛苦倍增。渔夫王的侄女拿来了一把剑，渔夫王帮帕西法尔佩上。这把剑后来一直伴随着帕西法尔。它预示着帕西法尔在此获得了成熟的男性特质，以及完成后半生任务的力量。

除了这把剑之外，还有一项可以在圣杯城堡中得到的礼物，但帕西法尔并没有通过获得礼物的考验。古纳蒙在训练帕西法尔时曾告诉他，如果找到圣杯，就要问出这个问题："究竟谁是圣杯的主人？"如果问出这个问题，汇聚生命的圣杯就会将祝福倾泻而出。相反，如果没有问这个问题，虽然还是可以饮用圣杯中的酒，却无法得到祝福与恩赐。虽然古纳蒙交代过要问这个问题，但与之相反的是，帕西法尔的母亲在两人分别时曾告诉他，不要问太多问题。于是，帕西法尔最终谨记母亲的教诲，沉默地站在光辉的圣杯城堡中。

这点其实可以理解。在这种时刻，一个十几岁的乡村男孩是提不起力量或勇气，问出生命中最重要的问题的。他只有在内心明晰透彻的状态下，才有办法问出这个问题。

除此之外，更重要的是，圣杯城堡里有个传说，一位天真的愚者会来到城堡，问出圣杯的问题，然后治好受伤的渔夫王。除了帕西法尔之外，城堡里的每个人都知道这个传说，他们紧盯着帕西法尔这个拥有天真愚者特质的人，看他会不会问出这个能够治好渔夫王的问题。

遗憾的是，帕西法尔最终并没有开口。痛苦呻吟的渔夫王很快被带回自己的房间。骑士与淑女各自散开，帕西法尔也由四名年轻人护送到寝室。

第二天早上，帕西法尔醒来，发现自己独自一人。他上好马鞍，通过吊桥离开，桥又突然升起，再次打到坐骑的后蹄（又是一次危险的转换），回到了凡人的世界。他回头时，发现城堡已经不见，天真的愚者再次回到"方圆三十英里内没有任何可以住宿的地方"。

圣杯城堡消失

一个人内在生命最重要的大事，就是圣杯城堡故

帕西法尔面对渔夫王，却没有勇气问出问题

他与她：从荣格观点探索男性与女性的内在旅程 ├─┤

事中描述的情节：青少年在十五或十六岁时会闯入自己的圣杯城堡，看到自己后半生大致的景象。和帕西法尔一样，这些青少年并没做好充足的准备，也没能力问出正确的问题，更无法让自己有意识并稳定地吸收这些经验。或许我们不该期待他们能完美地完成任务，因为他们多是在不经意间闯入城堡，受到震慑后，很快就会发现自己已回到原本的现实世界。

大部分男性都会记得自己年轻时的某个神奇片刻：眼前的世界闪闪发光，美得无法形容。也许是一次日出，也许是球场上的风光一刻，也许是一次徒步旅行时的孤独时刻，转过一个弯，发现灿烂辉煌的内在世界完全对自己敞开。当天堂出现在眼前，年轻人基本上无法应对，大部分人会把这样的体验放在一边，但并不会忘记。有些人则会觉得很困扰，当作不知道，假装这一切从未发生。只有少数人会震慑于如此富有意义的景象，像帕西法尔一样，后半生致力于再度追寻圣杯城堡。

只可惜，"沿着这条路往前，左转，过吊桥"如此简单的指示，却有效地将城堡隐藏起来。多少次我们回到原点，想要再次看到美好的日出，或是去寻找传说中的圣杯城堡，却始终不曾实现。圣杯城堡深深地印记在我们的脑海中，不是成为我们后半辈子的灵感来源，就是成为挥不去的梦魇。

还有一点让人好奇的是，为什么帕西法尔无法问出那么简单的问题，让问题为他打开灿烂辉煌的世界，并治愈渔夫王痛苦的伤口呢？明明有人告诉他要问出口啊，而他居然没问，似乎真的很愚蠢。但其实不是这样的，正是因为作为愚者的天真，才让他无法问出这个问题。这正是帕西法尔最特别之处。

恋母情结

还记得帕西法尔母亲帮他手织的那件长袍吗？正是骑士盔甲底下没有脱去的长袍，让他无法在看到圣杯时完成真正的任务。只要恋母情结仍束缚着帕西法尔，他就无法理解圣杯的重要，或者更糟糕的是，他问不出能够治愈渔夫王创伤的正确问题。要让帕西法尔放弃母亲手织的长袍，是项艰难的任务。

许多男性一生从没有成功地脱离恋母情结，这就是故事中母亲手织长袍的象征。要讨论这个重要的主题，必须先岔题聊聊男性与阴柔事物之间的关系。

男性与阴柔事物之间存在着六种基本关系。对男性来说，这六种关系各有其效用与崇高之处。只有在两相沾染的情况下才会造成难题。这些困难是男性人生道路上的中心课题。

男性拥有的六种阴柔元素如下：

- 亲生母亲。现实中真正的母亲，包括她所有的特质、个性与独特之处。

- 恋母情结。这个元素完全存在于男性本身，是一种退缩的能力，让他回到小时候依附着母亲的状态。这也是男性在无意识中追求失败、对于死亡或意外的底层幻想，以及希望被照顾的渴求。这在男性的心理运作中是毒药。

- 母亲原型。如果恋母情结是毒药，那么母亲原型就是黄金，其倾泻在我们身上的慈爱，是完美而不需任何代价来交换的。不夸张地说，如果没有母亲原型，我们连一分钟都活不下去。

母亲原型永远值得我们信赖，给予我们滋养与
支持。

- 美丽少女。这是所有男性心理结构中阴柔特质
  的部分，是生命的内在伴侣或灵感来源，以美
  丽少女的姿态呈现，也是这个神话中的白花、
  《唐吉诃德》的达辛妮亚、《神曲》中的碧雅翠
  丝。她们给予男性生命的意义和色彩。荣格将
  这种特质命名为阿尼玛，是一种激励、带来活
  力的力量。

- 妻子或伴侣。有血有肉的同伴，一起分享人生
  旅程的人类伴侣。

- 苏菲亚。智慧女神。对于男性来说，当发现自
  己的智慧居然是阴柔特质中的一部分时，会感
  到震惊。但几乎所有的神话都将智慧归属于阴
  柔特质。

所有的阴柔特质对于男性都有用处，即使是恋母
情结这个最困难的元素。在歌德的杰作中，浮士德必
须依靠恋母情结，才能来到母亲之地进行最后的忏

悔。只有两相混合或沾染才会造成如此深刻的痛苦。人类具有制造出这类混乱的糟糕倾向。我们接下来要检视的就是一些沾染和与之而来的破坏。

如果恋母情结沾染了亲生母亲，他会因为自己的恋母情结产生的退缩特质而去责怪亲生母亲：他会认为母亲是个想要打败自己的女巫。年轻男性常会因为自己退缩的恋母情结而去责怪母亲，或是那些可以替代母亲地位的人。

如果他用母亲原型沾染了他内在的母亲形象，他就会期待有血有肉的母亲扮演保护他的女神角色，但这只有母亲原型才做得到。他会对现实中的母亲提出许多荒谬过分的要求，甚至觉得全世界都欠他，而他自己最好什么都不用做。

如果内在的母亲形象沾染了阿尼玛或是美丽的少女，他会期待内在的女性成为自己的母亲。

还有一种常见的沾染，是母亲与妻子角色的重叠。这样的男性会期待妻子成为自己的母亲，而不是伴侣。他会要求妻子达到自己对于母亲的期待。

苏菲亚在男性生命中的力量不强，所以这个元素不一定会出现。如果男性分不清母亲与苏菲亚的差别，会以为母亲拥有凡人无法承受的女神般智慧。"母亲最清楚"加上苏菲亚原型是糟糕的组合。

其他的组合或污染就交给各位自行探索，全部都是负面的关系，但负面并不是阴柔特质所造成，而是来自意识层次的污染。

∽

回到帕西法尔与他在圣杯城堡没有问出口的问题。由于他无法脱下母亲的手织长袍，放下恋母情结，因此古纳蒙教导的那种问出问题的力量与清明也无法发挥出来。只要恋母情结一直横亘在帕西法尔与自己的阳刚力量之间，他与圣杯的连结便无法坚固。帕西法尔或许要花上二十年时间去修习骑士精神，才能脱下手织长袍，让自己成为真正的男性，承接圣杯之美。也就是说，只要帕西法尔的身上还穿着母亲的手织长袍，他就注定会与圣杯遗憾错过，无法治愈渔夫王的创伤。

而在接下来的冒险历程中，帕西法尔经历的所有事物，都是为了让自己脱下手织长袍。他在中年阶段还有一次进入圣杯城堡的机会。通常讲，当男性大约在十六岁和四十五岁的时候，圣杯随时可能出现。这两个时间点是男性一生中最容易改变的阶段。圣杯城堡每晚都会举行奇妙的仪式，恭候着进入城堡中的男性，但只有在男性做好充足的准备时，才能顺利地留在圣杯城堡中，享受它的灿烂辉煌。

从理论上讲，第一次就能成功地待在圣杯城堡，并非不可能。中古世纪欧洲的本笃会修士发现，如果遵循苦修的戒律，是有可能达成的。从心理层面来说，他们抚养刚出生的男婴，让他们一直待在圣杯城堡里不曾离开，不曾面对外在世界的诱惑——不管是世俗的求偶、婚姻、金钱或权力。不过我从来没见过有类似经历的人，我也不认为现代人会有这种经历。这样的方法大概只适用于中古世纪人的心态，或是某些拥有这种个性的现代人。

某个印度修行教派则是用另外一种方式来固守着圣杯城堡。他们让男孩从出生到十六岁都过着与世隔绝的苦修生活，十六岁时结婚，当第一个孩子出生后，再次将他们召回到苦修生活中，直到终老。如此一来，这个男孩在进入两座圣杯城堡之间只隔了一年时间，而不是像一般发生在十六岁和四十五岁两个时间点，需要相隔三十年。当然，这种方式只能对非常单纯的、具有中古世纪个性的人有用，对我们一般人来说不可行。（更何况对那些拥有妻子和孩子的男性来说，他们要怎么办？！）

如果在圣杯城堡中的体验过于浓烈，可能会让男孩失去一切能力。许多对生活没有任何动机或目标、四处游荡的年轻人，往往是被圣杯城堡中的体验蒙蔽了双眼。

许多男性觉得圣杯城堡的体验过于痛苦、无法理解，因此选择压抑，说："我不记得。"可是，对待被压抑在无意识里的事物，我们其实是无法逃避的，因为到处都可以看到它们的影子，每一棵树下、每一个角落，每一个我们遇到的人的肩膀上……对于"某件事物"的渴求，正是我们对于圣杯城堡渴求的回响。这种追寻会以许多种不同的语言和形式来呈现。某些年轻人虚张声势的行为，正是为了封闭自己的圣杯城堡体验。他们无法忍受身处其中的折磨，便试图通过告诉自己是强壮的，来麻痹内在的痛感。

许多广告都在利用这种渴求。我不确定广告商是不是有意识地操弄，但他们的确会旁敲侧击地挖掘出我们内心的渴求。只要间接透露出这就是圣杯，几乎任何产品男性都会买单。

这也是毒品吸引人、让人感到兴奋的主要因素，它能够产生类似圣杯体验的狂喜情绪。毒品会带给你狂喜的体验，创造一个貌似合理的幻象世界，但运用的方法是错误的，使用的人必会付出可怕的代价。真正正确的方式不一定需要很长时间或走很远的路，但的确没有捷径。如果投机取巧的话，通往圣杯城堡的吊桥就会升起，让人陷入疯狂或痛苦的折磨，如同坐骑后蹄被打到的帕西法尔。

同样，如果我们认为可以利用其他人或事来填补自己对圣杯的渴望，付出的代价会更高。许多青春期后期出现的冲动，例如大胆的行为、在高速公路上用时速一百四十四公里的速度飙车、使用毒品等，从本质上讲，都是对圣杯的渴求。但却是错误的方式。

如果对圣杯的追寻一直受到各式各样可能的阻

碍，以致不断偏离，那么年轻人很快就会发现自己变成阴晴不定的老人。我曾问过一个朋友的近况，他非常诚实地回答："嗯，罗伯特，我觉得自己越来越怪了。"可以感受到，他正在远离自己内心的圣杯。

女性的圣杯体验和男性截然不同。她们一直都在圣杯城堡里，拥有美感、连结与恬适自在。这些是男性无法拥有的特质。男性是因为不安于现状而发挥出创造能力，女性则是因为对过去的一切了解透彻而发挥出创造能力。帕西法尔必须踏上近乎永无止境的骑士旅程，而白花则守在她的城堡里。

爱因斯坦在老年时曾说："我现在陶醉在那种年轻时曾让我深感痛苦的孤独中。"这说明爱因斯坦再次回到了他的圣杯城堡。他花了一辈子打拼的现代骑士丰功伟业，终于获得回报。

许多男性试图让现实中的女性填补他对圣杯的渴求，这是在要求女性扮演一个她永远无法担任的角色（有谁能够成为活生生的原型典范呢？），却忽略了她作为一个人的真实。

最近的亚洲宗教风潮也是源于对圣杯的追寻。亚洲人不像我们西方人一样清晰界定一切，他们不会把世俗与宗教一刀切开。传统的亚洲人不会游荡到距圣杯城堡太远的地方。亚洲智者看到我们后，常常会说："你们为什么这么匆忙又饥渴呢？"甚至有些人会认为我们是"被当作猎物的亚利安鸟"。的确，如此迫切追寻圣杯的民族，其处境非常艰难。

吊桥暗示了圣杯城堡的本质。吊桥不存在于物质现实中，而是一种内在的现实。它是一种幻象与神秘体验，无法在任何外在的空间显现。此时，如果我们苦苦向外追求，只会耗损自我，并感到沮丧。然而，我们往往会强烈地执着于外在事物，误认为外在是唯一的现实。

因此对大部分的我们来说，常常需要外在的探索或情境来点燃内在对圣杯的追寻。即便如此，这种方式也值得怀疑，因为圣杯永远都在我们身边，仅仅需要多一些耐心去剥掉一层层的外壳，而不是去创造。

中古世纪基督教有句话说："追寻神是在侮辱神。"意思是神永远都在，追寻是在否认神存在的事实。我有个朋友是外科医生，他喜欢这么说："不要修理没有坏的东西。"延伸出来也可以这么说："不要追寻已经在你面前的事物。"只可惜的是，我们是西方人，已经习惯了通过追寻的方式来认识到一切本不需要追寻。

有个中国的故事是这么说的：一只鱼听到码头边一些人在讨论一种称为"水"的神奇元素。鱼很好奇，于是向鱼朋友们宣告，它要出发寻找这种神奇的元素。饯行之后，朋友们目送它出发。过了很长的一段时间，大家都觉得它大概死于艰险的旅程时，没想到却看到苍老疲惫、历经风霜的鱼归来。大家聚集到它身边，焦急询问："你找到了吗？找到了吗？"

"找到了。"老鱼回答："但你们不会相信我找到什么。"然后缓缓游开。

他与她
从荣格观点探索男性与女性的内在旅程

HE:　　　SHE:
Understanding　*Understanding*
Masculine Psychology　*Feminine Psychology*

| 第六章 |

干旱年代

离开圣杯城堡的帕西法尔现在要让自己能够再度回去。他参与了一连串的骑士冒险，慢慢增强自己的力量，因而获得第二次进入圣杯城堡的机会。

在途中，他遇见一位悲伤的少女，怀抱着死去的情人。少女哭着解释说，她的情人是一位骑士，因为卷入帕西法尔年轻时的胡闹事件中，被另一名骑士所杀。帕西法尔必须承受这个事件造成的罪恶感。少女问帕西法尔之前到过哪里，他据实以告，但少女指正说，方圆三十英里内没有任何住家。帕西法尔详细地叙述了自己的经历，于是少女回答："喔，你一定是进入了圣杯城堡！"女性通常比男性更了解这方面的经历。然后她责怪帕西法尔为什么没有问出问题，治好渔夫王。这也是帕西法尔的错。为此他产生了更多罪恶感。少女询问帕西法尔的名字。虽然我们一开始就使用帕西法尔来称呼他，但在故事中直到这一刻才

他与她：从荣格观点探索男性与女性的内在旅程

真正出现这个名字。"帕西法尔"，他脱口而出。一个人除非已经到过圣杯城堡，不然不会获得名字，或是任何身份的认同。

～

帕西法尔又遇到另一名哭泣的少女，同样是因为他年轻时的胡闹事件影响而受苦。少女告诉帕西法尔，他的剑会在第一次使用时断掉，只有原本的铸剑师才能修复。一旦修复，这把剑就不会再断了。

这对年轻人来说算是个好消息。他带着象征着阳刚特质的随身武器，基本上是仿照自己的父亲与导师，但当他尝试自行使用时却无法支撑它。每个年轻人都必须经历这样的低潮，发现自己模仿而来的男性特质不管用。不仅如此，只有给予他这把剑的父亲才能修复断掉的武器。也就是说，父亲给予的事物只有父亲能够修复。此时教父就是非常珍贵的盟友。教父能够修复传承自父亲、自己却支撑不住的武器，这是非常宝贵的资产。

帕西法尔打败过许多骑士，要求他们前往亚瑟王的宫殿，拯救许多美丽的少女、解除围城的危机、保护穷苦人民、屠杀恶龙。这些全部都是男性在中年阶段应该完成的丰功伟业。我们会笑看屠龙故事与城堡诅咒，但其实和任何中古世纪男性一样，我们也会感受那个时代的恶龙与诅咒造成的痛苦（现在我们称之为情结或情绪或阴影的入侵）。

接着讲故事，帕西法尔的名声传回亚瑟王的宫殿，于是亚瑟王准备出发寻找王国中的这个大英雄。帕西法尔是世界上最伟大的骑士，七年来没有笑过一次的少女也这么说。亚瑟王发誓，在找到这位伟大的英雄之前，他绝不会在同一张床上睡第二晚。

这个时候，神奇事件发生在帕西法尔身上。他继续骑士的冒险旅程时，看到老鹰在空中攻击三只鹅。其中一只鹅滴了三滴血，落到帕西法尔身边的雪地上，让他产生见到了情人的幻觉。他被这三滴血定住，满心只想着白花。亚瑟王的骑士发现了动弹不得的帕西法尔，其中两人试着带领他回到亚瑟王的宫殿。帕西法尔和他们打了起来，折断其中一名骑士的手臂，因为当没有笑过的少女在亚瑟王宫殿里发出笑声时，正是这名骑士口出嘲弄。帕西法尔发誓要为少女遭受到的侮辱讨回公道。现在完成誓言了。

第三位骑士高文，谦虚有礼地询问帕西法尔，能不能前往亚瑟王的宫殿。帕西法尔同意了。

故事的另一个版本是太阳融化了积雪，抹去其中两滴血，让帕西法尔从诅咒中释放出来，能够再次行动。如果太阳没有让三滴血变成只剩一滴，又或是高文没有前来拯救，帕西法尔很可能会继续困在情人的幻象中。

关于这个部分，要注意的是神奇的象征符号。梦境或神话强调数字时，就代表非常深层的集体无意识在运作。还记得圣杯城堡里强调"四"这个数字吗？在这里则强调了"三"。"四"在集体无意识的语言中，有和平、整体、完全、宁静的意思。"三"则是代表紧急、缺失、躁动、挣扎、成就。帕西法尔在深刻体会过圣杯城堡中"四"的元素之后，现在必须面对当下人生中"三"的元素。他的情人、骑士的冒险、在亚瑟王宫殿中的地位，这些此时此刻的事物占据了他。除非经历过人生各种特质，不然无法再度回到圣杯城堡。

生命在受到"三"的元素掌控时，状况就会变得很诡异，只有减少到"一"或是增加至"四"才有办法解套。"三"，或是由"三"代表的意识，由于其强度与驱动力而无法承受太久。如果发现自己陷入动弹不得的状态，就必须往前进入"四"的阶段，来到充满洞见与启发之地，或是降低自己的意识层面，进入到"一"的元素，以便求存。

∽

荣格晚年花了许多时间研究"三"与"四"的象征意义。他认为人类正在从"三"代表的意识阶段进化至"四"代表的意识阶段。一九四八与一九四九年的时候，荣格感到欢欣鼓舞，因为天主教会更新了教义，将圣母玛利亚与全为男性形象的三位一体圣父、圣子、圣灵，置于天堂的相同位阶。他觉得如此一来就完成了之前还不完整的内在发展阶段，结束了西方世界不安与冲突的现象。

象征符号早于事实许多年，代表现在充满了各种可能性，但一切尚未完成。荣格认为，真正的现代人努力的目标，是扩展意识层面，从"三"进化到

"四"，从致力于行动、工作、完成与进步的意识，进化到和平、宁静与单纯的存在。这其中的重点在于，"四"可以包含"三"，但"三"无法包含"四"。一个人拥有"四"的高阶意识，就等于拥有人生所需要的所有能力，但又不会受到能力的束缚与限制。一个人停留在"三"的世界，便无法欣赏了解与"四"相关的元素。

而我们所处的时代，显然就是男性的意识从三位一体进阶到四位一体。许多不了解数字象征符号含义的现代人，都做过数量从三增加到四的梦，这代表我们的意识正在演化，从秩序井然、充满各种阳刚概念的现实、三位一体的观点，转化成四位一体的角度，包含了如果坚持老旧价值观就很难接受的阴柔与其他元素。

现在进化的目的，似乎是要用完整或整体的概念，来取代完美的意象。完美代表着完全的纯净，没有任何斑点、杂质或令人质疑的地方。整体则包括了黑暗，但会和光的元素结合，变成一个比任何理想都更加真实与完全的整体。这是件了不起的工作，我们面对的问题在于人类是不是能够成长与胜任。不管准备好了没，我们已经进入这个历程。

圣母玛利亚进阶的这一年来了又去，大部分时间都被遗忘了，对我们的生活似乎也没有什么立竿见影的影响。但如果用正确的角度来解读，就会发现这个特殊事件其实对神学和我们的日常生活都有着深切的影响。

另外，当第四个元素获得了尊重与荣耀之后，就不再具有敌意。唯有当我们排斥心理层面的真实，才会变得负面或具有毁灭性。

所以，男性要注意了：如果认为自己的黑暗面带有阴柔属性，将其推远后，结果会让黑暗面变成女巫。大多数在中古世纪被拒绝的黑暗元素都具有阴柔特质，所以女巫必须用火刑处决。这并不是毫无根据、零星单独的传言，在欧洲反宗教革命的高峰期间，超过四百万名女性的确被当成女巫处以火刑。如今，要将这些不久之前感觉还非常黑暗的元素，融入我们的人格加以整合，真的是项令人生畏的任务。

他与她
从荣格观点探索男性与女性的内在旅程

HE :   SHE :
Understanding   *Understanding*
Masculine Psychology *Feminine Psychology*

| 第七章 |

丑恶少女

帕西法尔打败了太多骑士，并要求他们前往亚瑟王的宫殿宣誓效忠，也逐渐在亚瑟王传说的世界中打响名号。现在亚瑟王与他的骑士出发前往乡间，寻找这个充满力量又捉摸不定的人物。有一天，他们找到了帕西法尔，让他站在宫殿前面，宣布为他举办一场持续三天的庆典与竞赛。帕西法尔当然有资格接受这样的荣耀，但又一次不经意地惹上麻烦，造成无法避免的结果。他到底捅了多少次娄子啊！可以确定的是，通常就是在他引起纠纷之后，接着下一阶段就是成长进化。要不是上天眷顾，世界上所有的帕西法尔大概都会从世界的边缘掉下去，注定消失在无尽的深渊。唐吉诃德，永远的原型愚者，完全是通过胡闹的方式完成伟大的旅程。

三天的庆典来到最高潮，一名世上最丑恶的少女出现，立刻让欢乐的气氛冻结。她骑着一头四脚都瘸了的老骡子，黑发绑成两条辫子，"双手和指甲乌漆墨黑"，闭着的双眼"小得跟老鼠眼睛一样"，她的"鼻子看起来像猩猩和猫"，她的"嘴唇看起来像驴子和牛，长了胡子、弯腰驼背，肩臀像树根一样扭曲纠结"。皇家的宫殿中从没看过这样的少女。

她的任务是要在这个庆典上揭露帕西法尔不那么美好的另一面，而且使用的手法非常巧妙。她数落帕西法尔犯过的罪行与愚笨行径，最糟糕的就是没有在圣杯城堡中问出可以治愈渔夫王的问题。当帕西法尔听完她的话后，知错地默默离开了那些前一刻还把他捧上天的人们。

我们也可以这样理解：当男性达到成就的顶峰时，丑恶少女会随之走入他的生命。

◦

男性的成就与丑恶少女在他生命中展现的力量，存在某种奇特的关联。成就越高，忍受苦难与羞辱的能力似乎就越强：从外在世界获得的名声与奉承，似乎是和他从丑恶少女身上体会到的挫败与空虚成正比。我们会觉得成就应该最能够抵挡空虚的感受，可事实并非如此。高成就的男性最能够问出无法回答的问题，也就是自身的价值与人生的意义。这样的疑问，通常会被中古世纪神学称为"灵魂的黑夜"，它们会莫名在清晨两三点的时候俘获着每个人。有些人隐约发现，每次到了清晨两点，就会陷入"灵魂的黑夜"。

丑恶少女送来怀疑与绝望，也就是任何聪明男性在中年阶段都会遇见的毁灭与破坏的特质。生命的滋味消失了，只有无法回答的问题折磨着自己："上班有什么用呢？有什么区别吗？有好处吗？为什么？"女性伴侣无法取悦他，孩子不是很难相处，就是已经离家，度假不再有用。正当他开始有时间、有办法享受人生的快乐时，一切都不再有意义。这就是丑恶少女展现的力量。

在人生的这个阶段，男性迫切地想要找寻新的美丽少女，保护自己不受丑恶少女侵扰。但是除非他先接受黑暗元素，不然不管是新的还是旧的少女，或任何类型，都无法将他从生命中的黑暗时期拯救出来。

面对正处于黑暗时期的男性伴侣，聪明的女性会保持沉默。这样可以保护自己，不让男性把丑恶少女的形象投射到她身上。安静地"存在"，是女性在这个时候能够给予的最好礼物。

在这个爱用镇静剂的年代，一般都认为应该要避免让丑恶少女出现，并将之看作是疾病，要治好。其实恰恰相反，驱逐黑暗面，就是消除丑恶少女带给我们的成长机会。

黑暗面会为我们带来深刻而重要的个体化过程，反而是需要我们格外遵从的。比如这位丑恶少女，她向在场的骑士下达指令，每一位骑士都必须独自完成追寻的任务。在她到来之前，所有的任务都是合作，也就是骑士会三五成群，或至少两两一组，进行屠杀恶龙或是拯救围城的任务。而她到来之后，所有的任务都变成独特的单独作业。每一位骑士必须自行出发，找到自己的道路，在自己的追寻中单打独斗。

当骑士知道自己将一人踏上独特而孤寂的追寻之旅时，反而能够脱离丑恶少女的黑暗状态。所有心理层面的苦难，都是在比较中得来的。接受自己其实在旅途中孤单一人的事实，就不再有比较，反而会进入真实的世界，让自己看清——所有事物就只是单纯地"存在"。

在这个世界中，没有一般定义的快乐或不快乐，只有一种存在的状态。我们很难承认这是丑恶少女带来的礼物，但也没有其他人能带来如此令人惊叹的礼物。也许中古世纪说出这句格言的人，真正地理解到：苦难是能够最快带着我们通往救赎的骏马。

所以，尊崇丑恶少女，接受她对追寻本质的新看法，就是在开启我们人生的新篇章。

丑恶少女让帕西法尔知道他的新任务是再次找到圣杯城堡。帕西法尔接受了。他发誓在再次找到幻象世界之前，绝不在同一张床上睡第二晚。

丑恶少女提醒大家，只有贞洁的骑士才能找到圣杯，然后她一跛一跛地离开，完成了自己的任务。

我要提醒你们第一百次，这趟旅程所需的贞洁与世俗的男女关系无关，世俗的男女关系有自己的运作规则，也需要独特的智慧。在追寻中对男性贞洁的要求，是不可以因为情绪或阿尼玛，而去引诱内在女性，或被内在女性所引诱。所有的骑士，除了帕西法尔

［还有圣杯传说英文版本中的加拉哈德（Galahad）］之外，都在追寻中失败了。也就是说，人生的追寻会遭遇许多次失败，但意识（帕西法尔）绝对必须在追寻中保持真实的样貌。不一定要完美或高分，但要保持清明的意识。

| 第八章 |

长久的追寻

帕西法尔的骑士冒险经历持续好多年，大部分传说认为是二十年。他越来越苦涩、幻灭，离心爱的白花越来越远，忘了自己为何会在骑士的旅程中挥剑，对自己所作所为越来越无法理解，也越来越感受不到喜悦。

这就是男性中年阶段的干旱年代：他越来越不知道自己所为何来，被问到人生的意义时，回答常常言辞闪烁。

帕西法尔在路上遇到了一群衣衫褴褛的朝圣者。他们对他说："你为什么全副武装骑着马？跟我们一起去找森林里的隐者吧，说出你的告解，获得赦免。"帕西法尔突然从他的黑暗幻象中清醒过来，但并非受到启发，而是依循惯性跟随朝圣者队伍前往寻找老隐者。

内在的隐者

隐者是人类天性中极度内倾的部分（introverted part），

他在偏远的角落等待并储存能量，就是为了这个时刻。人的前半生通常都是由外倾性来掌控，这也是正确的状态。但当外倾（extroversion）性完成任务，并在人生旅程中非常珍贵的阶段好好发挥之后，下一步，我们就必须与内在深处的隐者对话。西方文化其实不擅长这个步骤，只有极少数人才知道如何引导出自己的内倾本质，进入下一个阶段。对现代人来说，常常是在生病、受伤，或陷入某种动弹不得的状态时，才会迫使自己转向内在沉淀下来。隐者扮演着高贵的角色，如果你带着荣耀与尊严走向他，就会获益良多。如果是被意外或疾病牵引到隐者面前的人，多半只剩下少许尊严了。不过不论如何，到了人生的中年阶段，隐者都会出现在你面前，不管是带着尊严或是失去尊严。

要正确地理解隐者，至少必须简单地谈谈那些天生隐者气质非常强烈、主要人格呈现出隐者状态的人。这些人是极少数的天生隐者（高度内向的灵魂），必须孤独地居住在森林里（象征性的说法），储备能量，以等待自己的特质变得重要、累积到最高价值之时，好好地为他人贡献。这种隐者类型的人几乎没有办法打败红骑士，也很少尝到胜利桂冠的滋味。在现代社会中，他们很少获得鼓励，多半过着孤独寂寞的生活。但总有一天，我们会需要这样的人，才能转换到人生的下一个阶段。知道这项特质的效用，对于隐者本身来说是一种保障。所以请对自己的隐者特质好一点，或是对周遭朋友中的天生隐者好一点。如果你的儿子是天生隐者，不要强迫他经历红骑士的冒险，而是要让他找到自己的森林之道。

帕西法尔来到隐者面前，再次体会到类似丑恶少女那时的经验。帕西法尔一个字都还没说，老隐者就明察秋毫地开口责备，列出一长串他所犯的错误与失败。当然，最糟糕的就是他没有在圣杯城堡问出那个可以治愈渔夫王的问题。

很快地，隐者变得温和，带着帕西法尔上路，循着指示往前走，左转，过吊桥。圣杯城堡向来近在身边，但只有在青春期与中年阶段才比较容易进去。

克雷蒂安伟大的《圣杯故事》就写到这里！有人猜测诗人刚好此时过世，有些人觉得可能部分手稿遗失，但我认为更有可能是作者觉得该说的都说完了，所以停笔。来自集体无意识的伟大故事进化到这个阶段，作者在已经无话可说时谦逊地画下句点。我觉得就整体来说，一直到今天，神话的进展其实不多。这是一个我们每个人内在未完成的故事，充满力量，渴求更进一步的可能！如果你希望完成真正的骑士功业，那便拾起自己内在未完成的故事，继续往前。说真的，每个人都是帕西法尔，而帕西法尔的旅程就是每个人自身的旅程。

有别的作者想要完成故事结局，但并不太成功。我们可以挑选其中一个续集来检视，看看帕西法尔第二次造访圣杯城堡的结果。

圣杯城堡一直都是往前走，左转，就到了。一个人只要保持谦逊与善良的态度，就能找到内在的城堡。经过二十年毫无结果的追寻，帕西法尔终于摆脱了傲慢自大的态度，现在他准备好进入自己的城堡了。

再度来到圣杯城堡

往前走，左转，过吊桥，桥突然升起，打到坐骑的后蹄。在通过进入圣杯城堡的转换之地，总是非常危险。

帕西法尔发现同样的仪式队伍仍在进行。一名美丽的少女，带来刺穿耶稣基督的圣枪；一名少女，带来最后晚餐使用的盘子；一名少女最后捧着圣杯进来。受伤的渔夫王躺在担架上呻吟，痛苦地处于生与死之间。

如今，神奇的事情发生了，带着二十年的成熟与经验，帕西法尔问出了对人类贡献最大的问题：究竟谁是圣杯的主人？

多么奇怪的问题！对于现代人来说实在难以理解！本质上，这算是我们能够问出最深奥的问题：人格的重心在哪里？人类生命的意义中心在哪里？大部分现代人会用我们这个时代可以理解的词汇问出这个问题，然后回答："我"是人格的重心，"我"努力改善我的生活，"我"认真朝自己的目标迈进，"我"逐渐累积自己的财产，"我"好好地塑造自己。或者是最常见的回答："我"在追寻幸福快乐。也就是说我希望自己是圣杯的主人。我们要求大自然这个伟大的聚宝盆、伟大的阴柔力量倾泻出世界上所有的财富：空气、海洋、动物、石油、森林，以及世界上所有丰盛的事物——我们希望自己是世界的主人。但问题一问出口，答案便马上回荡在圣杯城堡中：圣杯的主人是圣杯王。又是一个令人费解的答案。翻译出来的意思就是，生命的主人是人们口中的神，荣格口中的自性（Self），或者是我们创造出的许多不同词汇，用来指称那些比自己伟大的事物。

也可以用比较不诗意但也许更容易理解的语言来解释，荣格认为生命的过程，是将人格的重心从自我转移到自性。对他来说，这是男性的毕生事业，也是全人类努力的意义中心。当帕西法尔知道自己不再是宇宙的中心，甚至不是自己小小王国的中心之后，便不再感受到孤独，圣杯也不再与自己有距离。虽然接下来日子里，他可能会在圣杯城堡进进出出，但现在永远不需要担心找不到城堡了。

更令人惊讶的是，渔夫王的伤口愈合了，欢欣鼓舞地站起身来。奇迹发生了，治愈的传说完成了。在瓦格纳的歌剧《帕西法尔》中，受伤的渔夫王起身之后唱了一首充满力量、振奋而美妙的歌曲。这是整个故事的高潮！

那么，之前提到的我们不认识的圣杯王是谁呢？他是王国的真正国王，住在圣杯城堡的中央，只摄食圣体与圣杯之酒。他是稍微有所乔装的神，是圣灵降临到世上，或是荣格学说所说的自性。只有在我们做好准备，完成"清晰有理地提问"这项工作后，才能够听到内在中心的声音。而了解这项事实，会让我们知道自己的渺小。

生命的目标并非追求快乐，而是服侍神或圣杯。所有对于圣杯的追寻，都是为了服侍神。如果一个人能够了解这一点，放下了他那认为生命的意义就是追求个人的快乐的愚蠢想法，那么他会发现那难以捉摸的特质就在眼前。

托尔金的当代神话《魔戒》(*The Fellowship of the Ring*) 也出现相同的主题：必须从滥用力量的人身上收回力量。在圣杯神话中，力量的本源被赋予神的代理人。在托尔金的神话中，邪恶之手原本要使用力量的戒指摧毁世界，但最后力量的戒指从邪恶之手中被收回，回到最初诞生它的大地。早期的神话通常述说的是发现力量的过程，以及力量如何从大地崛起，来到人类手中。近期的神话则述说力量本源的返还，在人类使用力量毁灭自己之前，回到大地或是神的手中。

故事中有个细节特别值得观察：帕西法尔只需要"问出"问题，不需要回答。当一个人因为确定自己永远都无法拥有足够的智慧来找到不可解问题的答案而感到沮丧的话，至少要记得，虽然自我有义务问出清晰有理的问题，但并不需要回答。问出好问题，其实就等同于提供答案。

圣杯城堡内欢声雷动。圣杯出场，将圣餐分享给在场的每个人，包括刚刚痊愈的渔夫王。一切都如此完美、充满喜悦、健全。

真是矛盾啊！如果向圣杯祈求快乐，反而无法得到快乐。但如果好好地服侍圣杯与圣杯王，你会发现接下来发生（happen）的事情便是获得快乐（happiness）。文字游戏呈现的其实是领悟的定义。

同样的主题也出现在禅宗的《十牛图》（*Ten*

Oxherding Pictures）中，尽管其语言形式有所不同。《十牛图》中画家用十张图画呈现出领悟的过程。第一张"寻牛"，寻找内在本质；第二张"见迹"，看到牛的脚印；第三张"见牛"。持续到第九张"反本还源"，主人翁驯服了牛，与牛建立平和的关系，安静地坐下来欣赏风景。疑问就在此时浮现：水自茫茫花自红？荣格学者目幸默倦（Mokusen Miyuki）认为，这句颂诗可以直接翻译成："溪水自行流动，花朵自行转红。"中文的"自"，也就是"自行、自己"，在道家思想的词汇中，那就是"自然"，意思是，大自然具有创造性与自发性地运作，不分内在与外在。也就是说，在心理学层面，"自然"指的是现实生活中的自我实现，或是自性在自然中落实对于创造的渴望。

到了第十张"入廛垂手"，主人翁平和自在地走在街上，没有人特别注意，看起来非常普通，除了所有的树在他经过时都突然开了花。

从禅宗与众不同的角度，来讨论溪水流动或红花盛开的意义，让我们对追寻有了更深刻的理解。

法国思想家亚历西斯·德·托克维尔（Alexis de Tocqueville）在一百多年前来到美国，精准地观察到一些美国人独特的想法。他认为美国宪法一开头的概念"追求快乐"是有问题的。我们不能追求快乐，去追求快乐反而得不到快乐。如果努力完成人生的任务，将人格重心重新定位在自我之外更伟大的事物上，自然就能获得快乐。

如果我们能够倾听这个古老的故事"天真愚者偶然间第一次进入圣杯城堡，经过一番努力又得到第二次机会"，我们就能为这个现代社会找到充满智慧的建议。

第二部分

她

他与她
从荣格观点探索男性与女性的内在旅程

HE ：　　SHE ：
Understanding　*Understanding*
Masculine Psychology　*Feminine Psychology*

| 第九章 |

导论

在探讨女性人格方面，艾洛斯与赛姬的希腊神话是最具有启发性的故事之一。这个古老的神话出现在基督教诞生之前，在古典希腊时期，第一次用文字记录下来，在此之前也是口头流传已久，对今日的我们来说，仍然非常重要。

这个故事读起来感觉并没有那么奇怪，人类的生理结构不论是在古希腊时代或现代，其实都差不多，所以人类人格的无意识心理动态也十分类似。基础的人类需求，在生理与心理方面，都保持稳定，尽管满足这些需求的形式可能随时间而变化。

这就是为什么当我们研究人类行为与人格基本模式时，只有重新分析那些早期的文本，才能获得启发。在那些早期文本中，故事的叙述通常是简单、直接的，我们不会错失任何需要学习的部分。同时我们也能将其与现代文本进行比较，从而发现其中的变动与差异。

神话的角色

神话是拥有丰富心理洞见的题材。伟大的文学，就像所有伟大的艺术一样，深刻而精确地记录并描述人类的状态。神话是一种特殊的文学，并非由单一个人书写或创造而成，而是通过一整个时代与文化的想象和经验酝酿出来，可以看作是整体文化与经验的精华。这些神话经过漫长时间的发展，浮现出特定主题，然后延伸开来，而人们会对自己感兴趣的故事一再传诵，最后趋于完善。精确而具有普遍性的主题会流传下去，而仅仅适用于单一个体或单一时代的元素会逐渐消逝。也就是说，神话所描述的是一种集体意象，传达的是适用于所有人类的真理。

这和现今对于神话的理性理解不同。很多人认为神话是不真实或是一种想象。我们常听到大家说："拜托，那只是神话，根本是假的。"故事的细节可能无法考证，甚至是天马行空，但事实上，神话不管就深度或普遍性而言，其实是再真实不过了。

神话可能是传说或是幻想的产物，但却极其真实。

神话描述的现实层次包含了外在的理性世界，以及较不为人理解的内在世界。

对于狭义的现实感觉混乱，是小孩在做了恶梦之后常出现的想法。父母可能会安慰他说："那只是做梦，怪兽是假的。"但小孩不相信，而且事实的确如此。对他来说，梦境是真的，就和其他外在经历一样鲜活真实。他梦见的怪兽活在他的脑子里，而不是他的卧室。尽管如此，可怕的现实却是怪兽拥有掌控孩子情绪与生理反应的力量。对孩子来说，怪兽是内在的真实，无法也不应该去否认。

∽

许多心理学家仔细研究过神话。举例来说，荣格对于人类人格底层结构的研究，就特别关注神话。他发现神话传达的是一种基础心理模式。我们也希望能从同样的角度去分析艾洛斯与赛姬的神话。

首先我们必须学习如何用神话的方式思考。在我们接触到神话、童话与自己的梦所带来的思考时，会产生强烈的感觉。古老神话的描述与设定很奇怪，对我们来说感觉原始而遥远。但只要仔细聆听、认真面对，就会开始听见并理解。有时候一些象征的意义会需要翻译，但只要看出如何运作，就不会太困难。

许多心理学家将艾洛斯与赛姬的神话用女性人格陈述的角度来解释。也许在本书一开始就应该先澄清，我们所说的女性阴柔特质，到处都可以发现，女性身上有，男性身上也有。如果将这个故事限制在女性人格上，会显得太过狭窄。

荣格通过深刻的洞察与分析告诉我们，就像在基因上所有男性都拥有隐性的女性染色体与荷尔蒙，所有的女性在心理特征上也拥有男性的阳刚特质，并构成其内在的隐性元素。男性的阴柔特质，被荣格称为阿尼玛；女性的阳刚特质，则被称为阿尼姆斯。

有许多研究都分析过阿尼玛与阿尼姆斯，之后我们也会更进一步讨论。现在，只要我们说到艾洛斯与赛姬神话中的女性阴柔特质，就不仅仅是指女性，同样是在说男性内在的女性阴柔特质，也就是阿尼玛。这个连结对女性较为明显，因为阴柔特质是她主要的心理特质，但在男性心理中也含有一些类似的内在女性特质。

他与她
从荣格观点探索男性与女性的内在旅程

HE:
Understanding
Masculine Psychology

SHE:
Understanding
Feminine Psychology

| 第十章 |

赛姬的诞生

故事从这句话开始：从前，有一个王国。这句话让我们知道，接下来会深入认识与了解的这个王国，就是我们自己的内在世界。如果倾听故事古老的语言，就会看见这个极少受到现代理性思维探索的内在领域。信息与洞见的金矿，就蕴藏在这句短短的话语：从前，有一个王国。

故事开始

国王、王后，还有他们的三个女儿。前两个女儿是普通的公主，没有什么特殊的地方。

第三个女儿则是这个故事的主角。她象征着美好的内在世界，甚至连名字都叫赛姬（Psyche），意思是"灵魂"。她会带着我们踏上通往内在世界的旅程。她既属于神秘的王国，也属于世俗的王国。

你认识自己内在的三位公主吗？谁会没注意到自己平凡的部分，以及特别脱俗、但在世俗的日常生活中又特别驽钝的内在自性呢？

　　这位绝美脱俗的公主拥有如此强大的力量，人们开始传说："公主是爱与美的化身，是取代旧女神的新女神，会将阿芙洛狄忒逐出神庙，完全取而代之。"阿芙洛狄忒不得不忍受屈辱，看着自己神庙中的圣火逐渐冷却，大家转而拜倒在小公主裙下。

　　阿芙洛狄忒从一开始就是代表爱与美的女神，没有人知道究竟已经有多久。要她眼看着新的爱与美女神取代自己，简直不可忍受！她的愤怒与嫉妒足以毁天灭地，故事的所有情节发展就在此刻定调。一旦激起神的愤怒，或要求改变一个神，就会动摇人类内在世界的根基！

神话元素

　　阿芙洛狄忒与赛姬这两位女神的起源很有趣。天空之神乌拉诺斯最小的儿子克罗诺斯相当擅长工艺，有一次在打造镰刀的时候，失手阉割了自己的父亲。乌拉诺斯的生殖器掉入海中，滋养了海水，于是诞生了阿芙洛狄忒。阿芙洛狄忒的诞生，由意大利画家波提切利绘制成不朽的名画《维纳斯的诞生》[1]：她，带着所有的女性光辉与特质，诞生在海浪包围的贝壳上，亭亭玉立。这就是原型女性阴柔特质的神圣起源，与人类身份的赛姬形成鲜明对比。赛姬的诞生，据说是由天空落下的露珠所孕育。多么奇妙的描述！但如果你能了解其中亘古恒久的信息，就知道这样的描述充满了心理学层面的洞见。

从适当的角度去理解两位女神诞生的不同，就能区分两种女性阴柔特质的天生差异：阿芙洛狄忒是从海中诞生的女神，具有如海洋般辽阔的原始女性力量。从时间一开始就存在，掌管着海底的王国。从心理学层面来说，她掌管了由海水象征的无意识。就一般的意识而言，她是很难接近的，就像面对海啸一样。这样的原型女性力量，我们可以景仰、崇拜，甚至臣服，但如果要与之建立连结，却是极端困难的。而这正是赛姬的任务，从她人类优势的角度，去连结并调和伟大辽阔的原型女性力量。这就是我们的神话。

---

① 维纳斯是阿芙洛狄忒的罗马名。

每一位女性内在都有一位阿芙洛狄忒。我们会认知到她强大的女性力量，以及超越个人、遥不可及的崇高与伟大。

阿芙洛狄忒和她的宫廷拥有许多不可思议的故事：一名仆人会带着镜子走在她前面，好让她随时可以检视自己；一名仆人会不时帮她喷洒香水。阿芙洛狄忒善妒，无法忍受有任何人比她还美。另外她还忙着撮合婚姻，每一对夫妻都要忙着生养孩子，才能让她满意。

阿芙洛狄忒将所有经历反射回到我们自己的意识中。当男性忙着扩展、探索、发现新的事物，阿芙洛狄忒则是在反射、镜射、同化。阿芙洛狄忒的镜子，象征着她的神秘特质。她经常会给人类一面可以看见自己的镜子，如果没有这面镜子的帮助，人们就会无助地卡在投射的状态中。当人们问问自己镜子反射出来的是什么时，就能够真正理解自己，避免让自己卡在无法解开的情绪纠结之中。当然，这并不是说外在世界没有发生任何事情，而是因为我们内在本质中的许多部分被粉饰成了外在事件，而它们本该回到我们自己的内心。

阿芙洛狄忒提供这种镜子的机会，比我们愿意承认的频率要高：谈恋爱的时候，如果在对方身上看见类似神祇才会拥有的特质，那就是阿芙洛狄忒让我们看到自己内在的永恒与神圣。通常情况下，人们极不愿意承认自己认为的优点其实是缺点，所以当镜像投射出的状态与现实存有差异时，人们会有一段很长时间的纠结。赛姬从与艾洛斯相恋到发现自己的永恒，同样走了很长一段的旅程①。

阿芙洛狄忒在未来儿媳妇的眼中，呈现的是大母神的形象。女性呈现出美好与优雅的状态时，通常就是阿芙洛黛蒂或是维纳斯的能量在起作用。但是当阿芙洛狄忒遇上儿媳妇赛姬，产生嫉妒心与竞争心后，每一次都想用尽力气整倒她。各地文化都可以看到类似的婆媳之争，从心理学角度看，这其实是一种能够促进年轻女性成长的心理刺激。年轻女性正是在面对婆婆力量的过程中，逐步迈向成熟之路。她不再是当初那滴天真无邪地落入凡间与婚姻的露珠。

对于现代、理性、智慧的女性来说，发现自己拥

---

① 这里的诠释是来自贝蒂·史密斯（Betty Smith）的启发。

有阿芙洛狄忒的特质，具有玩弄原始天赋把戏的能力，其实很尴尬。阿芙洛狄忒常常展现出暴君的一面，认为自己说的话就是圣旨。

很自然地，在进化的过程中如果出现新的女性力量，原有的女神就会因此感到愤怒，她当然会用尽一切手段打倒对手。所有的女性都很清楚知道这一点：当面临威胁时，就会显现出阿芙洛狄忒的特质，并且当她被这种本能控制时，会变成可怕的角色。只有在相当罕见、充满智慧的家庭氛围中，当阿芙洛狄忒突然爆发时，才能妥善处理。

阿芙洛狄忒的能量是一种珍贵的特质，有助于个人的发展，施展她的力量能让周围的人获得成长。一旦成长的时刻到来，旧的方法与习惯都必须迎接新的概念。不管从哪个角度，旧方法看起来都像是会阻碍新的发展，但只要坚持下去，便能产生新的意识。

有一则关于在人类豢养之下诞生的第一只象宝宝的故事。象宝宝出生后，饲养员很开心，但看到饲养场里其他大象围成一个圆圈，轮流抛接这只象宝宝时，他吓坏了，以为其他大象要杀死它！而它们只不过是帮象宝宝学会自主呼吸。

通常新生命诞生时，最可怕的事情似乎就要发生，但后来我们会发现，这些都是新生命最需要的。阿芙洛狄忒每一次的做法都遭受批评，可是她所做的每件事，都实实在在地促进了赛姬的内在成长。也就是说，事后当然很容易以乐观态度来面对，但在事发当下却是如地狱之火般痛苦。

在这段时间，有一种混乱的内在战争正在孕育。旧的方法，也就是阿芙洛狄忒的特质，在不断退化，把女性拉回到无意识的状态，同时又强迫她进入新的生活，此时需要冒着极大的风险。成长也许可以用别的方式达成，但有时候，阿芙洛狄忒又是唯一能够促进这种成长的元素。举例来说，有些女性除非遇到暴虐的婆婆或继母，否则无法自强奋发、脱胎换骨。

碰撞

现代女性的混乱情绪，大部分是由于自身阿芙洛狄忒特质与赛姬特质的碰撞所造成的。假如帮助她们了解到这种状况，就能顺利地迈向新的意识层次。

他与她
从荣格观点探索男性与女性的内在旅程

HE：

SHE：

Understanding
Masculine Psychology

Understanding
Feminine Psychology

| 第十一章 |

赛姬的少女时代

讨论过一些关于阿芙洛狄忒的特质，了解到较为古老与原始的女性力量之后，接下来就是探讨崭新的女性力量。

不像阿芙洛狄忒是从海中诞生，赛姬的诞生是由落到地面的露珠幻化而来。从阿芙洛狄忒的海洋，演变到赛姬的陆地，代表着从早期如同大海一般的女性特质，演变到更为接近人性的崭新面貌。从大海般的辽阔，我们过渡到更容易理解和驾驭的小规模。

赛姬的特质是如此华美、天真、脱俗、纯洁，所以大家膜拜她，却不敢追求她。这种非常明显的孤独感，让可怜的赛姬找不到另一半。

从这个角度来看，所有女性身上都有赛姬，也因此充满了强烈的孤独感。每一位女性，就某部分来说，都是国王的女儿。对这个平凡的世界来说，她的存在太过美好、太过完美、太过深刻。当女性发现自己孤独一人、不被了解，尽管周遭人们对自己很好，却又保持着一定距离时，她就会体会到自己内在所拥有的赛姬特质。对女性来说，这是相当痛苦的经历，而且多半无法明了根源。并且，一旦受到这种特质束缚，女性就会让自己停留在未曾开发过、无法连结的状态。

如果女性想要将内在的赛姬特质，运用在日常的施与受的关系中，就会发现状况变得一团混乱。如果一个女性的赛姬特质太过强大，那就有得受了，很可能她会常常大哭着说："没有人了解我！"的确如此！所有女性的内在都拥有这样的特质，不管目前人生走到哪个阶段、处于哪种状态，是没有差别的。如果我们在一个女性身上看到这种特质并与之发生连结，就能轻易感受到这种孤独感。

对于貌美的女性来说，问题更复杂了。玛丽莲·梦露就是让人印象深刻的例子。全世界的人都喜爱她、膜拜她，但她却很难跟任何人建立亲密关系，最后再也忍受不了自己的人生。这样的女性拥有女神般的特质，是几乎无法靠近的完美存在，所以在平凡的人际关系中找不到容身之地。不过，一旦我们了解这种动力机制，就能让自己内在的赛姬特质获得成长。

我看过一部电影，内容是讲述两名重度残障人士，在疗养院中相遇、相爱。通过奇幻的魔法，他们在对方眼中变得无限美好，开始了美妙的恋情。在电影的最后，镜头拉回到现实，观众看到两人残缺的外貌。但我们知道他们经历了什么，知道他们已经看到对方内在的美好，所以外在的缺陷已经算不了什么。"让内在的赛姬与外在平凡之间产生连结"，这正是那部电影的启示，它为我们指出了让内在的赛姬成长的路径。

婚姻

赛姬让父母感到绝望，因为她的两位姐姐都幸福地与邻国国王结婚，却没有人前来向赛姬求亲。男人对她只有崇拜。国王前往寻求神谕，刚好降临在祭司身上的是阿芙洛狄忒。出于对赛姬的嫉妒与愤恨，她让女祭司说出了可怕的预言！赛姬会嫁给死神——那个世界上最丑陋、最可怕、最恐怖的怪物。赛姬要被带到山顶，用铁链绑在岩石上，遭受恐怖怪物死神的凌虐。

神谕在希腊社会具有不可撼动的地位，人们视其为绝对的真理。赛姬的父母相信了神谕，安排送亲的队伍，事实上是送葬，并按照指示将赛姬绑在山顶的岩石上。汹涌的泪水、华美的婚礼、阴郁的葬仪，全部混杂在一起。最后赛姬的父母熄灭了火炬，独留赛姬一人在黑暗中。

我们能怎么办？赛姬要结婚，却是嫁给死神！事实上，少女的确在结婚的那天死亡，人生的一个阶段结束了，到目前为止的人生所展现、所熟悉的许多女性元素，也告一段落。从这个角度来看，婚礼的确就是葬礼。许多婚礼的风俗其实都是从原始时代流传下来的葬礼仪式。新郎会带着伴郎与亲友前来抢亲，伴娘是新娘贞洁的守护者。伴随着类似战争的仪式，新娘因为自己少女时代的死亡而哭泣。新生活在她面前展开，婚宴是为了庆祝自己成为新娘与主母（按：一家之母），获得新的力量。

我们并未充分认识到婚姻的两面性，只觉得结婚就是纯白与喜悦。旧有人生阶段的死去也应该受到尊崇，不然这些情绪会在之后以不太恰当的形式浮现。举例来说，有些女性可能会在结婚几个月、甚至几年之后，强烈怨恨起婚姻。

我看过几张土耳其婚礼舞会的照片，几个八、九岁的男孩，将自己的一只脚弯起来和大腿绑在一起，用另一只脚单脚跳跃着。这是在提醒大家，婚礼上喜悦与痛苦并存。

在非洲的婚礼上，如果新娘没有带着伤痕入场，婚礼就不受到认可。除非经过抢亲的过程，不然就不是真正的婚礼。婚礼的牺牲元素必须发挥作用，这样婚姻才可能产生喜悦。而阿芙洛狄忒不像少女一样会死于男性之手，她的特质不会被男性带走，因此女性内在的阿芙洛狄忒会在少女时代结束前哭泣。她扮演着矛盾的角色，一方面渴求婚礼，一方面又悔恨失去了少女的身份。古老时代的痕迹现在仍深深地刻画在我们身上，并通过有意识的仪式备受尊崇。

于是我们再次观察到成长的矛盾。一方面，阿芙洛狄忒诅咒赛姬，想置她于死地，一方面，却也撮合了自己反对的这场婚礼。女性的成长朝着婚姻前进着，但也伴随着向后退的拉力，这股牵引，是在渴求单身时代所拥有的自主与自由不要改变。

我看过一部深具启发性的动画片，其内容概括了婚礼中的原型力量。动画片中呈现出双方主婚人在婚礼进行时的想法：新娘的父亲感到气愤，觉得新郎胆大包天，竟敢抢走他的宝贝女儿；而新郎的父亲却感到振奋开心，因为儿子会因为婚姻而在社会上拥有更强势的地位；新娘的母亲则感到害怕，觉得新郎人面兽心，即将带走她心爱的女儿；新郎的母亲感到恼怒，认为儿子受到狐狸精引诱，就要离开自己。人类心灵的无意识中，藏着经过长时间进化的许多古老原型，以及深埋在思想与行为中的模式，这些都通过这部动画片呈现出来。如果我们没有在适当的时间观察到这些模式，它们在以后也会浮现出来，造成更多的麻烦。

他与她
从荣格观点探索男性与女性的内在旅程

HE：   SHE：
Understanding   *Understanding*
Masculine Psychology   *Feminine Psychology*

| 第十二章 |

艾洛斯

阿芙洛狄忒为了达成毁灭赛姬的心愿，找来儿子爱神艾洛斯帮忙。艾洛斯（Eros）、埃默（Amor）、丘比特（Cupid），都是爱神拥有的名字。不过丘比特已经降级到印制在情人节卡片上，埃默听起来又不够庄重，所以就使用艾洛斯这个名字来称呼这位高贵的神祇吧。

　　背着箭筒的艾洛斯，是奥林匹斯山上所有人的麻烦，即使神也无法逃过他的恶作剧。但是艾洛斯还是翻不出母亲的手掌心，奉命要让赛姬狂热地爱上前来侵犯她的可怕野兽，终结掉赛姬对阿芙洛狄忒的威胁。阿芙洛狄忒的其中一个特质是她会不断倒退，回到原点。她希望事情永远保持不变，希望永远不要向前进化。她代表传统的声音，讽刺的是，就是这样的倾向反而让我们的故事向前迈进。

　　我们可以从许多不同层面来讨论艾洛斯：既可以

把他看成是真实的男性、丈夫或任何关系中的男方，也可以把他看成是一种合一的理念，或是在故事的高潮中所达到的和谐状态。艾洛斯不仅代表性欲，请记得，他的箭瞄准的是心，而不是生殖器。在接下来的故事中，我们会继续讨论艾洛斯的各种特质。

死亡婚礼

艾洛斯原本打算遵照母亲的吩咐，但当他看到赛姬时，箭不小心刺到自己的手指，就这样爱上了赛姬。他立刻决定要让赛姬当自己的新娘，并请求朋友西风，小心地将赛姬从山顶轻轻地抱到天堂谷。西风帮了这个忙。原本以为会被死神抓走的赛姬，发现自己来到了人间天堂。她并未询问艾洛斯任何问题，而是沉浸在出乎意料的好运中。艾洛斯来到赛姬面前，即使他长得俊美无比，对赛姬来说也是死神——其实，所有的丈夫对自己的妻子来说都是死神，因为他们终结了妻子的少女身份，强迫她们迈向成熟女性的进化之路。这其实很矛盾，但当有人强迫我们开始成长，的确可能同时产生感谢与怨恨两种心情。神谕没说错，从原型的角度来看，男性对女性来说的确是死神。男性看到伴侣脸上痛苦焦虑的表情，就该更加小心温柔，因为她可能觉察到自己正一点一滴失去少女的身份。如果这时男性能够展现温柔体贴的一面，会让女性好过一些。

很少男性能够理解，婚姻对女性来说，是死亡也是重生，因为男性的人生中并没有相对应的阶段。婚姻对男性来说不是牺牲，但在女性的经历中，牺牲占了很大一部分。也许有一天，女性可能会突然惊恐地看着丈夫，因为意识到自己受到了婚姻的束缚，但丈夫并没有；如果有了孩子，这个束缚更沉重。也许她会后悔，但人生不经历这一段，又可能比死亡还糟糕。

有些女性即使到了五十岁，可能连孙子都有了，但从没到过死亡的山顶，虽然已经迈入中年，露水般的特质仍然存在她们的世界。但也有些才十六岁的年轻女孩，就有过这样的经验，并且存活下来，从她们眼中可以看到骇人的智慧光芒。

这些事情不是到了某个特定年龄就会自动发生。

我认识一个女孩，十六岁时生了小孩。她偷偷地生下孩子，默默把宝宝送养，从此不再相见。她回到原来的生活，一点都没有改变，没有从死亡山顶学到任何东西。几年后，她结婚了。如果要说少女的纯真，她的确还保有这样的特质。从心理层面来说，她没有过任何性经验，即使已经历了生产的过程。

女性内在的艾洛斯可以在人生中不同阶段结束属于少女的天真无邪，不一定只在结婚的时候。许多女孩在生命早期就有过这样残酷的经历，但也有些女孩从来没经历过。

婚姻对男性来说，完全不是女性经历的那样。通过婚姻，男性的地位更加稳固，力量更加强壮，身段与地位都提升许多。一般来说，他并不了解自己正在杀死新婚妻子内在的赛姬，但这又是必须经历的过程。如果妻子行为怪异，或者状况非常不对劲，又或者泪水不断，丈夫通常也不会了解，这是因为婚姻对妻子来说，跟他体验到的完全不同。妻子必须经历过死亡山顶，才能来到婚姻中新的高度。

赛姬与爱神丈夫在美好的乐园中享乐

　　　　他与她：从荣格观点探索男性与女性的内在旅程

天堂乐园

赛姬发现自己身处美好的乐园之中，应有尽有，心想事成。爱神丈夫艾洛斯每天晚上都会陪在身边，只规定一件事：他要赛姬承诺绝对不可以看他的脸，也不可以探究他的所作所为。赛姬想要什么都行，可以住在天堂乐园中，但不能要求认识他、看他。赛姬同意了。

大概所有的男性都希望自己的妻子能这样。如果妻子可以不拥有自己的主张、按照丈夫的方式做事，那么家里就能保有绝对的宁静祥和。丈夫要的是传统的男权婚姻，男性决定所有重要的事项，女性只要同意就好，家和万事兴。大部分男性都心怀梦想，渴望事情可以这样进行，至少要有一小段时间的婚姻能够如此。

这样的状态应该算是某种原始男权架构的回响，女性要服从男性。现代社会习俗，仍有这种男权世界的遗痕，例如冠夫姓。艾洛斯坚持赛姬不可以提出任何问题，不可以看到自己的脸。这些都是男权婚姻的条件。

每个不成熟的艾洛斯都非常会打造天堂乐园。这就是青少年，男孩想要带走女孩，承诺她会永远过着幸福快乐的日子。这就是荷尔蒙分泌旺盛的艾洛斯，想要拥有天堂乐园，但不愿承担责任，不愿建立清楚明白的关系。所有的男性多多少少都有一点这种想法。女性希望进化与成长，在神话中，大多数的成长都来自女性元素。但这个想法对男性来说非常骇人，他只想留在乐园里。

倾听爱人打造乐园！甜言蜜语建构出另一个世界，也就是天堂乐园。我们从中了解真正乐园的大致样貌，但也知道必须通过长久的勤奋努力才能达成。我们无法批评这样的愿景，但旁观者知道，对天堂乐园的惊鸿一瞥其实并不稳定持久。

男性无意识总有某种东西希望与妻子达成协议，即她不能过问自己任何事情。通常男性对婚姻的态度是婚姻应该维系在家里，但不应该成为累赘。当他想要专注于其他事情时，就可以没有任何顾虑地遗忘婚姻。对女性来说，发现丈夫是这样的态度，是很大的打击。婚姻之于女性，是全部的承诺，但对男性并非如此。我记得有位女性告诉我，当她发现婚姻只是丈夫生活的一个部分，但却是自己重要的全部时，她哭了好几天。她终于发现了丈夫内在那属于艾洛斯想要打造天堂乐园的本质。

失乐园

所有的乐园都会崩毁。每一个乐园中都会有一条蛇，造成与伊甸园的平静安详完全相反的状态。

蛇很快地出现在赛姬的天堂乐园中，那就是她的两位姐姐。她们原本为了失去妹妹而哭泣，即使并不那么真心。后来听到赛姬住在天堂乐园里，还嫁给了神，再也忍不住嫉妒！她们来到赛姬当初被绑起来的山崖，往下面的乐园呼喊妹妹的名字，送出她们的祝福，并问候妹妹身体健康。

赛姬天真地把这一切告诉艾洛斯。艾洛斯一再警告赛姬现在处境危险。他说如果真的理会两位姐姐的打探，便会发生灾祸。如果赛姬什么都不问，她的孩子就会是永生不死的神。但如果她违背了誓言提出问题，孩子便会是个凡人女孩。更糟的是，要是她开始过问艾洛斯的事情，他就会离开她。

赛姬听从了艾洛斯的话，再次许诺不会提问。两位姐姐再次呼喊，最后赛姬请求艾洛斯的许可，让姐姐们过来做客。不久后，西风便把两位姐姐刮下山崖，安全地来到美好的天堂乐园。她们赞叹乐园中的一切，尽情享受玩乐。当然她们对于发生在妹妹身上的一切既羡慕又嫉妒。她们问了许多问题，而赛姬也天真地依照自己的想象描述了从未照面的丈夫，还准备了许多豪华的礼物，让姐姐们带回家。

艾洛斯一再提出警告，但两位姐姐又跑来。这次，赛姬忘了上次怎么和姐姐们说的，又依照自己的想象描述了丈夫另一种样貌。两位姐姐回到家，讨论之后拟定了一个恶毒的计划。第三次前来拜访，她们告诉赛姬，她的丈夫其实是一条蛇，是非常可怕的怪物。等到她生下孩子，就会把她跟孩子一起吃掉！

两位姐姐也拟定了计划，要拯救赛姬脱离不幸。她们叫赛姬准备一盏油灯，用不透光的灯罩盖起来，放在卧室；再准备一把锋利的匕首，放在床边。等到半夜，丈夫熟睡的时候，她就掀开灯罩，看清楚丈夫可怕的模样，用匕首割下他的头。赛姬迷迷糊糊地听从了这个建议，准备亲自揭发可怕丈夫的庐山真面目。

入夜后，艾洛斯来到床边，睡在赛姬身旁。到了半夜，赛姬掀开灯罩，抓着匕首，站在丈夫身边，第一次看清楚他的长相。最初是惊讶、困惑，然后满满的罪恶感，赛姬发现她的丈夫是神，是爱神，是奥林匹斯山上最俊美的生物！她吓坏了，全身颤抖，几乎想要为了犯下的大错杀掉自己。她笨手笨脚地弄掉了匕首。然后她不小心被艾洛斯的箭头刺伤，爱上了她初次谋面的丈夫。

她撞到了油灯，一滴灯油滴到艾洛斯的右肩。艾洛斯因为被热油烫到而痛醒，发现了赛姬，于是展翅逃离。可怜的赛姬抓住艾洛斯，被带着飞行一小段，刚好离开了天堂乐园的范围。她很快就精疲力竭，无助地掉落在地上。艾洛斯照亮四周，责备她没有遵守诺言，让天堂乐园破灭。他告诉赛姬，就像之前警告过的那样，她的孩子会个是凡人女孩，然后他会离开，以处罚赛姬犯的错误。最后艾洛斯飞回到母亲阿芙洛狄忒身边。

现代剧情

这是许多婚姻中重复发生无数次的剧情。这么古老、诗意又神秘的语言究竟告诉了我们什么，关于女性自身与男女之间的关系，包括内在与外在？

赛姬的两位姐姐是内在絮絮叨叨的声音，而在现实中，则是负责破旧立新的角色。早午餐时间，喝咖啡聊是非，通常就是这两姐妹酝酿破坏性计划的时刻。她们常常一面挑战旧有的男权世界，一面互相激励对方提升意识的层次，却不知道这需要比想象中付出更大的代价。

姐姐们毫无止境地发问，其实是相当骇人的景象。虽然她们是为了意识的提升，但我们也可能被困在渴求发展进步的状态中，毁掉自己的后半生。就像我们可能会一辈子待在死亡山顶，把所有的男性视为凶兆灾星，也可能被姐姐们的追寻所束缚，摧毁男性想要创造的一切。

女性很容易与伴侣建立起各式各样困惑的关系，

他是爱神，他是山顶的死神，他是乐园里的无名者，他是女性追求意识提升时的审查官。最后在女性展现了自身的女神特质时，他成了奥林匹斯山上的爱神。但对男性来说，一切都很困惑。每天回家，都要小心翼翼地在门口查看，不知道自己这次要扮演怎样的角色。再加上自己的阿尼玛一起作用，编织出复杂但美丽的故事。

两位姐姐可能是赛姬的阴影。荣格认为，人格中的阴影元素，是个人所有潜能中受到压抑或没有活出的特质。由于不受注意且欠缺发展，这些未活出或受压抑的特质会保持原始的状态，或是转变成黑暗吓人的元素。这些为善与为恶的潜能，虽然受到压抑，但仍存在于无意识中，积蓄能量，直到最后开始恣意地在我们的意识生活中爆发，就像两位姐姐在赛姬人生的重要时刻突然出现。

如果我们像赛姬一样，有意识地觉得自己完全温柔可人，那么便是小看了黑暗的一面。阴影可能会突然浮现，将我们推出自我满足的天真乐园，重新发现自己真正的本质。

荣格说，有意识地追寻成长，通常来自阴影的刺激。因此这两位姐姐，代表了赛姬不完美、较不可爱的部分，很尽职地发挥了作用[1]。

---

[1] C. S. 路易斯在他的著作《裸颜》(*Till We Have Faces*) 中，很巧妙地处理了神话的这个层面，书写了赛姬独特可爱的天真个性，以及较不可爱的两位姐姐如何反应。

他与她
从荣格观点探索男性与女性的内在旅程

HE:　　　　SHE:
Understanding　*Understanding*
Masculine Psychology　*Feminine Psychology*

| 第十三章 |

冲突

艾洛斯尽其所能地努力让赛姬停留在无意识层面。他告诉赛姬，只要不偷看丈夫的脸或过问丈夫的事情，就能一直住在乐园里，这是艾洛斯试图掌控赛姬的方式。

在现实生活中，女性的部分人生通常会受到男性的掌控。如果警觉性够强，会在现实中避免这样的状况，但也可能会受到自身的内在男性阿尼姆斯的主宰。女性的人生历程，可说是通过努力与生命中的男性建立关系，进而成长的过程，不论面对的是外在现实生活中的男性，或是自身内在的阿尼姆斯。男性的人生也有相对应的状况，必须努力与生命中的女性建立关系，从而获得成长，不论面对的是现实生活中的女性，或是自身内在的阿尼玛。外在或内在，都会让生命的故事更为丰富。

虽然生命的建构方式无穷无尽，但逐渐接受男性元素，其实是可预见的过程。年轻女性第一次接触到的男性元素多半是父亲，然后男性元素变成婚姻中吞噬自己的怪物，再后来会变成只要不问问题就会许你一个天堂乐园的艾洛斯，最后却发现其实他真正的身份是爱神。总之，不管是在生命故事之内或外在，都会在意识层面上耗去我们许多能量！

女性的生命故事通常会包含谈恋爱、天堂乐园的发现与失去等篇章，如果顺利的话，还能在成熟期再次发现天堂乐园，而且一如初始承诺那般美好。

追求的蜜月期，也就是天堂乐园，先是让我们沉浸其中。赛姬发现自己身处于最美好宁静的花园中，所有的愿望都在此实现。这里是天堂乐园，也就是伊甸园，是完美之地，我们希望天堂乐园能够持续到永远，但每个乐园都会出现蛇或阴影的角色，突然中止这份美好与宁静。

工具

阴影催促女性对乐园提出疑问，并给予精妙又可怕的工具来达到目的。一开始用灯罩罩住的油灯，就是能够看清真相的能力，这是意识层面的能力。光一直都是意识的象征，在男性或女性的手中都是。女性的自然意识非常独特而美好，是一盏油灯，燃烧大地或果实的油脂，发出特别温暖又柔和的光。它没有阳光的强烈，只有自然之光的温柔和女性的温暖。自然之光（Luminea Natura）是这种光的名字之一。

另一项工具是锋利的匕首。这两项工具，赛姬只使用了一项。她完全没有用到匕首，我认为这是神话给予的明智忠告，女性温柔地照亮四周，会产生奇迹；女性手中握着利刃，会造成伤害。转化还是杀戮？这是非常重要的选择，尤其对现代女性来说。先使用匕首，可能会造成重大破坏；先使用油灯，可能会获得智慧与成长。如果她能小心地使用工具，便能带来转化的奇迹，不亚于展示出神（艾洛斯）的真实光芒。她也会很开心，因为她的光芒产生了奇迹。男性对于女性的无声渴求，大部分是期望女性的光能够照亮自己的本质与神性，让双方都能清楚看见。所有的女性都拥有这种既可怕又神奇的力量。

油灯是什么？会照亮什么？男性非常清楚自己

是谁，也知道自己的内在有着神性这样伟大的存在。但只有在女性用油灯照亮，看到了他内在的神性，男性才会觉得自己要活出这种神性，让男性意识强大起来。当然他会因此颤抖！但又需要这种女性对自己价值的认知。如果生命中没有女性存在，不管是内在或外在，可怕的事情就会发生在男性身上。因为通常有女性在场时，男性才会记起自己内在最美好的部分。

第二次世界大战期间，有几个兵团孤立驻守在阿留申群岛。他们失去了"休息与放松"的机会，因为孤岛的运输出了状况，没有任何劳军团能够过来。超过一半的士兵精神崩溃。他们不想刮胡子、剪头发，或做任何能让自己看起来精神抖擞的事情，因为岛上没有女性——缺乏赛姬注视艾洛斯的目光，他们就记不得自己的价值。

如果男性感到挫败，女性注视的目光或是任何护身符的象征，可以让他重新感受自己的价值。男性的内心似乎有一块特别的空白。大部分男性是从女性、妻子、母亲身上感受到最深刻的自我价值与肯定，或者如果他们有高度意识，就会从内在的阿尼玛感受到。女性通过点亮油灯看到男性的价值，也让男性确认自己的价值。

有一次我在处理一件家庭纠纷时，目睹了女人凶猛挥舞着匕首的场面。她细数丈夫犯的错误，指责他常常很晚才下班回家。丈夫说："你难道不知道我是为了你才在糟糕的办公室待那么晚吗？都是为了赚钱养家啊！"妻子崩溃了，她听到了言外之意，油灯取代了匕首。丈夫说："要不是为了你，我才不要上班。我讨厌上班。我是为了你和孩子们才去工作。"婚姻中突然出现了新的特质。妻子举起油灯，看清楚真相，也喜欢自己所看到的一切。

男性非常仰赖女性在家庭中散发光芒，因为他不太能够发现自己存在的意义。人生对男性来说常常是枯燥荒芜，除非有人帮他指出生命的意义。只要女性的几句话，就会让男人心中充满感谢，觉得一整天的辛苦都值得了。男人知道自己想要什么，朝着这个目标迈进，并制造一些能够让女性照亮自己的情境。丈夫下班回到家，讲述当天发生的事情时，其实是希望妻子赋予它们意义。这就是女性散发光芒的能力。

光芒或意识的触动，是相当强烈的体验，通常会促使男性醒悟。这就是为什么他会如此害怕女性元素的部分原因。男性展现出像公鸡一样威风的行为，大部分只是为了隐藏自己对女性元素的害怕，但其实徒劳无功。两性关系中，几乎都是女性带领男性进入新的意识。通常都是女性说："让我们坐下来谈谈现在的状况。"在大多数关系中，女性是带领成长的一方。男性对此感到害怕，但他更害怕的是没有女性能够促进自己的成长。

赛姬的油灯滴出来的灯油，可以从两个方面理解其作用或意义：可以说是像古代仪式那样泼油以平息海浪，或是在滚烫的热油中煎熬。男性对于女性元素总是抱有暧昧的态度，因此两种意义很难划分清楚。

有位暴躁的犹太老父亲曾经问过我，家里总是死气沉沉，该怎么办。小孩都长大了，他退休了，家中气氛阴郁灰暗。我感觉到哪里不对劲，于是问起是否还有遵循传统风俗仪式。

"喔，老早就没了，一点意义也没有。"我要对方请妻子在接下来的周五晚上点亮安息日的蜡烛①。"无聊！"他大喊。但我坚持要他这么做，并且很期待再见到他时，他会告诉我隔周发生什么改变。"我不知道发生了什么事，不过，我开口请老婆点亮安息日蜡烛的时候，她哭了出来，照着我的话做了。从那之后，家里的气氛焕然一新！"两件事发生了：家中重新开始遵循传统仪式，女性重新获得古老的权利，散发油灯柔和的光，让家中充满温暖、活力，并带来意义。

很少女性能够了解，男性有多么渴望贴近女性元素。这对女性来说不该是负担，也不需要终其一生孤独地背负这个责任。男性发现了自己内在的女性力量后，就不用老是仰赖外在现实的女性帮他活出这一部分。但如果女性希望送给男性最珍贵的礼物，如果她想要真正满足对方最强烈深沉的男性渴望（男性不常

---

① 正统的犹太家庭，安息日是从周五日落时分的傍晚开始起算。传统上女性负责在安息日开始时点亮安息日蜡烛。

表现出这份渴望，但其实一直存在），她就会在男性无声地要求这份珍贵礼物时，呈现最温婉的女性姿态。尤其是在男性渴慕伴侣身上真正的女性元素，想要找回自己的方向与能力，重新成为真正的男人一刻。

| 第十四章 |

爱或恋爱

阿芙洛狄忒通过最巧妙的方式，完成了意识的进化任务！看起来是一连串的纰漏与错误，却构成了关于发展与成长的美妙故事！愿上天保佑阿芙洛狄忒邪恶的灵魂，她竟因为满满的嫉妒，把赛姬送上山顶的死亡婚礼，让恐怖的怪兽吞噬。她命令儿子爱神促成这段婚姻，但艾洛斯不小心让爱之箭刺伤手指，反而爱上了赛姬。然后在揭露真相的可怕时刻，赛姬的手指也被爱之箭刺伤，爱上了爱神！

"恋爱"的特质是什么？感觉起来好像拥有可以抵挡命运主宰的力量，产生伟大的奇迹？在我们开始解析这个谜团之前，必须先区分"爱"与"恋爱"两个词汇的不同。

"爱"是一种人类的经验，用人类的方式让人与人之间产生连结。我们会看到那个人真正的模样，欣赏对方的平凡、过错，以及人性中的光辉。如果能够抛开日常生活惯有的投射心态，看穿这道迷雾，真正面对另一个人时，即使对方是平凡的，也能让我们觉得伟大。问题是我们会受到自己的投射所蒙蔽，很难清楚地全面了解对方的深度与高贵之处。这样的爱并不持久，也经不起日常生活的平凡考验［"平凡"（ordinariness）一词是由"规矩"（orderedness）演变而来］。有个朋友将之称为"搅拌燕麦片的爱"。这种爱在日常的琐碎小事中得到满足，不需要任何超越人类的特质[1]。在人类生命的长流中，每一天的小日子里，我们付出、接纳、犯错、保护，并生活。

"恋爱"，则触及了超越人类层次的经验，在陷入恋爱的同时，马上进入了神一般的领域，人类的价值全部被取代。就好像是被从天上来的旋风卷走，丢到一个平凡人类价值完全无用的地方。如果说爱是家用的110伏电流，那么恋爱就是10万伏的超人能量，这是任何普通家庭环境都无法容纳的。恋爱只存在于神祇之间，超越了时空。

---

[1] 进一步的讨论可参见罗伯特·约翰逊的《恋爱中的人：荣格观点的爱情心理学》（*We: Understanding the Psychology of Romantic Love*）。

据说赛姬是第一个看到真正的神威，还能活着讲述这段故事的凡人。这就是我们这个故事的核心：凡人与神恋爱，还能真实保留自己的人性，并忠实于自己的爱。故事伟大的结局，就是赛姬诚实面对自己与自己的爱直接产生的结果[①]。

我们来做个实验：想象地球上所有的人都消失了，只剩下你和另一个人。用一整天来好好观察这个人，看看对方现在对你来说有多珍贵。只要这么一点点时间，对方就会转化成真正的奇迹。恋爱的经验就是这样，整个天堂浓缩集中在一个点上。对任何人来说这都是真正的奇迹，但只有很短暂的时间能偶然在某个人身上看到。这和能够长久并维持一个稳定家庭的"搅拌燕麦片的爱"非常不同。（如果二十年前有人说，我会把爱和持久拿来相提并论，我大概会又惊又怒。不过迈入中年总是会带来一点点智慧。）

艾洛斯和赛姬都被魔法爱之箭刺伤手指，传送到恋爱的领域中。接下来，奇迹发生了，当然，无可避

———————————

① 参见罗伯特·约翰逊的《狂喜》（*Ecstasy*，1987），讨论塞墨勒（Semele）这位凡人女性，与宙斯恋爱并提出错误要求后，被雷火烧死的故事。

免地还有许多苦难。赛姬避免了死亡婚礼的悲剧；艾洛斯揭开真面目，显现出神威；赛姬被赶出天堂乐园；艾洛斯痛苦地飞回母亲身边。恋爱经验撕碎了人类的平静，但却产生出伟大的进化能量。

在早期，接触到神祇的经验通常产生在宗教场域，如今我们早已远离这种获得深刻经验的场合。现在一般人唯一能够被神感动的地方，大概就是恋爱故事了。恋爱所产生的经验，是透过对方，看到站在他背后的神祇。难怪我们只要一谈恋爱就马上变得盲目。我们和现实生活中的对象走在一起，专注的是比任何平凡人类都要伟大的事物。从心理层面来说，在比我们神话的出现还要更早的年代，如果人类接触到了原型，就会完全消失。但神话告诉我们，在某些情况下，平凡人类接触原型后，有机会活下来，却会受到这次经验的影响而发生剧烈的改变。我认为这就是故事中的试金石——当凡人接触到超凡层次的事物时，会活下来把经验传递下去。在这个情境下，便能理解被爱神的箭刺伤而恋爱这件事所代表的意义了。我们知道这种深刻的经验，其实牵涉到层次的转换。

恋爱就是这么具有冲击性的神奇经验。

　　古代的亚洲人没有所谓恋爱的传统。他们的男女关系发展得非常平静，一点都不戏剧化，也没有爱神的箭从中起作用。相亲、结婚。在传统上，新郎一直要到婚礼结束，掀开红盖头之后，才会见到新娘的容貌。进入新房之后，还有一连串繁复的传统仪式等着这对新婚夫妇。男性把恋爱时发散出的能量奉献给庙宇，由神祇来帮他守护这股伟大的力量。

| 第十五章 |

艾洛斯的退场

艾洛斯被揭开了真面目，显露神的身份让他遭受极大的痛苦。乐园不再，因为他的真实身份已经公开，不是死亡婚礼的神，也不是天堂乐园的造物主，而是爱的真实体现。如果说发现他其实是假冒的，或者不是真的神，恐怕还不会那么痛苦、难以接受。最好的结果反而让他最为痛苦，这真是太奇怪了！

虽然完全出乎意料，但是生活中很多时候都是如此。我的一位老师曾告诉过我类似的故事：有个很容易激动的年轻人进行了六个月的个人分析后来找他。"汤尼，这真是太可怕了！""怎么了？是有什么状况吗？"汤尼激动地回应。"汤尼，不要管我，真的太可怕了。""怎么了？告诉我，快告诉我！""汤尼，我的精神官能症好了，我该怎么活下去？"这个故事的提示很清楚——改变旧习惯是很糟糕的，就算是用更好的状况取代。艾洛斯与赛姬在成长的下一阶段出现时，都受了深层的伤，即使这对两人来说是一种巨大的进步。

讽刺的是，在陷入恋爱状态时，你一定会格外觉察到对方的独特性，也因此感受到两人之间的差距。然后你马上会产生距离感、孤独感，以及感到关系发展的困难。不管男性或女性，当发现伴侣高不可攀的时候，通常都会产生一种可怕的自卑感。隔绝感便油然而生。

艾洛斯的威胁说到做到，赛姬生下的是凡人女孩，而不是具有神力的男孩；艾洛斯会离开赛姬。这代表人性与平凡会取代天堂乐园。

如果这个故事是在外在现实世界发生，通常是婚姻早期的悲剧。女方发现男方并非自己期待的天堂乐园造物主，还运用诡计隐藏自己的身份，双方都会受到严重的冲击。婚姻明明是一个能够让意识提升的好机会，却以极端痛苦的形式呈现。双方都被赶出天堂乐园，并被牢牢地固定在人类的位置。其实这样也很不错，因为人类远比神祇更懂得怎么做人。不过情绪上的确会烦乱纠结。

艾洛斯飞回母亲阿芙洛狄忒的身边，后面的故事就没怎么出场了。可怜的赛姬独自一个人走完旅程，不过她获得的帮助比自己想象的要多。即使是恶婆婆阿芙洛狄忒，也用一种尖酸的方式在保护她。有了这样的经历，男性通常会脱离自己的婚姻，回到原生家庭。即使不是在现实中离开，也会莫名地长时间保持沉默，敷衍不负责任，情感上毫无回应。他回到老家，回到母亲身边，就算不是现实中真正的母亲，至少是退缩回到内在的恋母情结。接着阿芙洛狄忒便成为女性意识的终极主宰。

如果将艾洛斯视为女性内在的阿尼姆斯，也就是她们内在的阳刚特质，便可以将这个故事解释为艾洛斯让赛姬停留在阿尼姆斯的天堂乐园状态，直到她举起意识的油灯。然后，艾洛斯的真实身份暴露后，飞回了自己所属的内在世界。

阿尼姆斯

荣格认为，对我们来说，阿尼玛和阿尼姆斯的最大作用，是作为人格意识与无意识之间的媒介。艾洛斯回到阿芙洛狄忒的内在世界后，便能通过冥想，让赛姬与阿芙洛狄忒、宙斯，以及原型内在世界的其他神祇连结起来。我们可以看到，他会在赛姬发展的关键时刻提供协助，借由大地自然的元素，如蚂蚁、老鹰以及芦苇。

如果女性想要从过去的少女时期进化，就必须打破在无意识领域中，主宰自己与外在世界关系的阳刚元素。想要进化，在意识层面认知为上述阳刚元素的阿尼姆斯，就必须扮演意识的自我与无意识的内在世界之间的中介角色，然后阿尼姆斯才能为她开启真正的精神生活。

受到阿尼姆斯主宰的女性，与外在世界是通过阿尼姆斯进行连结的。事实上，在这种状况下，她的自我已经被阿尼姆斯取代。但是通常情况下，她并不相信自己的行为是从阿尼姆斯而来，反而认为是自我意志的决定与选择。这是因为，只有在女性举起意识的油灯，用正确的方式看到阿尼姆斯后，她才能真正让阿尼姆斯与她的自我区分开来。多数女性会和赛姬一样，会被阿尼姆斯所压制。阿尼姆斯看起来像是全能的神祇，而女性的意识的自我相对于他而言，是如此渺小无助。对女性来说，这是非常危急艰险的时刻。

如同第一次认知到阿尼姆斯、并为自己所犯的错误而不知所措一样，她同样震惊于阿尼姆斯的伟大力量，随即陷入相同的危险状态。其实，如果她能发现自己的内在拥有神圣元素，结果会是欢天喜地，就像来到了人生高峰。但现在她陷入了"与爱神本人谈恋爱"的极大不安中。

女性如果能够设法越过这个发展阶段，游走于死神与天神、乐园与放逐、狂喜与绝望之间，就能真正踏上人类意识发展的旅程。这个承诺真实而坚定：如果能够承受伴侣真正的模样，那么就举起只有你能够提供的油灯吧。你会发现对方的确是神，也许不是自己希望的乐园造物主，但却是规格更高的奥林匹斯神祇。我认为这是人生中最伟大的承诺。

这个事件在赛姬的生命中，可以类比前面提到的帕西法尔第一次看见圣杯城堡①。帕西法尔看到了难以置信的宏伟世界，但他无法留下。同样地，赛姬也是在发现艾洛斯真正的伟大本质后，立刻失去了他。

_____

① 相对应的男性经验讨论可参考本书第一部分"他"。

他与她
从荣格观点探索男性与女性的内在旅程

HE:　　　　　SHE:
Understanding　　*Understanding*
Masculine Psychology　*Feminine Psychology*

| 第十六章 |

赛姬的苦难

赛姬当下想跳河自杀。每次遇到一连串的困难，她就想要自杀。难道这不算是一种自我牺牲，为了另一层次的意识放弃目前这个层次的意识吗？在人类的内在体验中，自杀的想法几乎总是代表着踏入新层次意识的边界。如果能够正确地抹杀旧有的适应方式而不伤害到自己，充满能量的新时代便会展开。

　　当女性被一种原型所触动时，她通常会在它面前崩溃。通过崩溃，她迅速恢复自己与原型的连结。这个行为本身聚集了深层自性中各种有益元素。在这一方面，女性的方式不同于男性。男性可能需要出去冒险，杀掉许多恶龙，拯救美丽的少女。女性通常会退缩到一个非常安静的地方，静止不动。矛盾不断堆积，她可能会发现自己的确在婚姻中拥抱了死神。没错，旧有的生活方式死去了。

　　男性很难了解女性究竟能够掌控自己的感觉与内

在世界到怎样的程度。对大多数男性来说这是一种未知的能力。女性能够按照自己的意志进入内在世界，抵达能够疗愈与恢复力量的地方。大部分男性并未拥有这种掌控感觉或内在生命的力量。许多女性以为男性应该也有同样的能力，因此在发现他们无法和自己一样敏锐而感性时，便会觉得受伤。

谈恋爱就像是把你撕成碎片一样，但这同样有着创造的可能性。如果能够维持力量与勇气，在这样的支离破碎中，也可能出现一种独特而有价值的新意识。这是一条非常艰难的路，但也许对某些人来说，并没有其他方法。这似乎就是我们西方人与所谓的神祇，也就是原型能量，重新连结的主要方式。

解决这个困境的最好方法就是保持静止不动，这也是赛姬最后采取的方式。一旦自杀的冲动过去了，她可以安静地坐下来。这就好像一个人如果大脑完全无法运转、完全脱离常轨，最好的方法就是保持静止不动。

女性拥有保持静止不动的能耐，这也许是人类最强而有力的行为。只要每次遇到严重深刻的事件，她就必须回到静止不动的内在中心。这个举动具有极高的创造能量，但必须正确执行。她必须能够接纳，但不是被动。

"恋爱"也有可能转化为"爱人"。这是迈向成功婚姻的过程。西方婚姻是从"恋爱"开始，顺利的话希望能转化为"爱人"。这就是本故事的基调与主题，从凡人与神祇、人性与超越人的特质，这两种不同层次的碰撞开始。双方都会痛苦地学到，超越人类的特质是无法在人类的层次上活出来的。

我记得詹姆斯·瑟伯（James Thurber）的一篇漫画是这样的：一对中年夫妻在吵架，丈夫气愤地对妻子说："你说，是谁让我们婚姻中的魔法消失了？"

接触到神祇的时候，我们该怎么做？在我们的文化中，这个问题通常找不到答案。大部分人眼看着自己爱人神圣的光环渐渐淡去、被打回平凡的原形后，会感觉痛苦，并认为自己以前感受到对方的神圣特质，其实有点蠢。而女性又会怎样处理这种恋爱结束的自我挫败与沮丧呢？这将是本故事后半部分的重点。

孤独的赛姬

敞开自我，才能体验到神圣的意识。这里的神圣，是从希腊奥林匹斯山众神的角度来定义的。只要接触过这样的意识，就无法回到单一的无意识中。现在只有少数几种方式，才能让我们体验到这种神圣的意识，其中之一就是恋爱。西方人在尝过恋爱滋味后，进化之路随之在面前展开，路的尽头则是意识。

女性的任务，是要将悲剧性恋爱中的痛苦与灾难，转化成个人发展的有力步骤。

赛姬想要跳河了断自己，也许表面动机是错误的，但直觉却是正确的。牧神潘恩抱着回声女神坐在河边。当他看到赛姬想要跳河时，劝退了她。

为什么是潘恩？这是因为，他是伴随在人的自性身边的神，充满野性、不受控制、濒临疯狂，古代人评价极高，但现代人陷入这种状态时，只会感到苦涩悔恨。"惊慌"（panic）一词就来自潘恩的名字。正是这个特质救了赛姬。如果我们能够用正确的方式看待牧神潘恩，也就是说，如果我们能提升自我进入更高的层次，这股能量便能为我们带来益处。若是降低自己的层次，像是选择自杀，就是错误的方式，也不会得到原本期待的结果。

而潘恩又有哪些特质表现呢？想要啜泣的冲动就是其中一种。虽然啜泣会让人感觉丢脸〔英文的"丢脸"（humiliating）意思是接近人性（humus）或土地〕，但那种情不自禁的大哭，的确会让我们很快进入比自己更高的层次。这就是阿芙洛狄忒的进化力量，带你来到这个阶段，并引领你成功迈出下一步。

潘恩告诉赛姬，她必须向爱神祈祷，他会知道谁正为爱神之箭所苦。这其实是很好的讽刺，我们必须向伤了自己的神祈求，才能获得内心的救赎。

艾洛斯身为爱神，掌管着关系。因此，不管是对男性或女性来说，阴柔特质的本质，就是要忠于艾洛斯、忠于关系。永远走在能够与阿尼玛或阿尼姆斯保持连结的道路上。

然而，想要见到艾洛斯，赛姬必须面对阿芙洛狄忒。艾洛斯目前正在阿芙洛狄忒的管辖之下。赛姬不愿这么做，反而跑去祈求其他神祇，就是不去面对阿芙洛狄忒。她被拒绝了一次又一次，因为没有任何神祇愿意担负冒犯阿芙洛狄忒的风险。她生起气来可是不得了！

这里，赛姬和帕西法尔形成了具有启发性的对比。赛姬造访了一座又一座神庙，最后才正确来到阿芙洛狄忒的祭坛。帕西法尔打败了红骑士，完成一次又一次的英雄战役与屠龙冒险。不管是男是女，每个人对这些阳刚或阴柔特质的运用，都是应该被重视的。不分性别，所有人都同时拥有阴柔或阳刚的特质，必须选择正确的工具，完成自己面对的独特考验。

赛姬最后来到阿芙洛狄忒的神庙，因为伤了自己的事物几乎也是疗伤的处方。

阿芙洛狄忒忍不住破口谩骂，让赛姬退缩成低下的洗衣女，落入非常卑微的地位。几乎所有的女性都会在某段时间受到阿芙洛狄忒的压迫，感觉自己比最卑微的蝼蚁还要不如。然后，阿芙洛狄忒指派了四项任务给赛姬，作为赎罪之用。

| 第十七章 |

任务

阿芙洛狄忒指派给可怜赛姬的任务，成为文学领域中最为深奥的心理陈述之一。现代的心智会大喊："没错，谢谢你告诉我这些理论，但我该怎么做！"神话故事在这个部分提供了更有条理的阴柔元素发展模式，是其他东西无法企及的。即使故事发生的年代远早于心理历史的发展，也无损模式的应用价值，反而彰显这个模式不受人、事、时、地、物的影响，值得信赖。要解决问题，会有数不尽的男性手段可以使用，但在传统上能够采用的女性方法却极为稀少，我们的故事刚好是其中之一。

赛姬忍受了阿芙洛狄忒刻薄的责骂之后，收到了严谨到令人害怕的指示。但为什么一定要去面对阿芙洛狄忒？因为没有别的办法！心理运作是从头到尾一整套的过程。天真、问题、等待与解决，细致地在一个条理清晰的架构中各自发挥作用。

第一项任务

阿芙洛狄忒给了赛姬一大堆混杂在一起的各式种子，告诉她必须在傍晚前把这些种子分类好，不然就会被处死。然后阿芙洛狄忒有如一阵风般离去，前往参加一场婚礼，留下必须完成不可能任务的赛姬。她哭着想要再度自杀。

一群蚂蚁跑来帮助她。它们团结合作，在傍晚时候完成了分类。阿芙洛狄忒回来，心不甘情不愿地承认，一无是处的赛姬其实做得还不错。

多么美妙的象征！一堆等着分类的种子！在实际生活的许多层面，譬如操持家务，或是工作上类似的职务，面对的挑战就是要让每个地方都干干净净、整整齐齐。不管是走廊尽头传来一声大喊："妈，我的另一只袜子在哪？"或是罗列购物清单，或是帮论文重新拟定大纲，通通都和分类、排序与形式相关。有一个人如果缺乏建立形式的基本功，只会造成一团混乱。

男女发生性行为时，男性会给予女性大量的种子。女性必须从中挑选一颗种子，展开孕育生命的奇迹。女性天生的阿芙洛狄忒特质就是丰饶的生产力！女性会运用分类挑选的能力，选择一颗种子，开花结果。

大部分文化会通过习俗与法律常识消灭这种分类与排序的能力。它们会规定女性应该怎么做，不让其有机会去分类选择，像是周一洗衣、周二熨衣等等。我想说的是，我们是自由人，不需要这种预先安排。女性必须知道如何区分，如何运用创意去分类选择。当这么做时，她需要发挥蚂蚁的天性，让这种属于泥土与地下的原始力量来帮助她。蚂蚁的天性与理性头脑无关，不会给我们遵循的规则，而是一种原始、直觉的安静，是女性与生俱来的特质。

每一位女性对于分类选择各有自己熟练的方式。完成任务可以按照距离远近来进行，最接近自己的先做，或是最接近某种感觉价值的优先。通过这种简单、脚踏实地的方式，可以打破数量太多的僵局。

而我们很容易会忽略分类过程的另一个特质，也就是内在的分类。现代的外在世界有太多事物包围着我们，等待我们去分类选择。内在世界也同样有许多事物等待我们这么做。将内在特质分门别类，是女性特有的能力，能保护她们自己和家人免于内在世界的大洪水，而这种洪水的威力如同我们外在世界中泛滥物品的威力。感觉、价值、时机、界线，这些都是极佳的分类依据，能够创造极高的价值。对于女性与阴柔特质来说，是非常特别的宝物。

可能有人觉得，婚姻是两个人背对着背，用自己的方式保护另一个人。女性的任务不只是保护自己，也要保护她的伴侣及家庭，不受内在世界的侵扰，如情绪起伏、自我膨胀、过度耽溺、脆弱无助，还有过去称为占有欲的状态。相对于男性天赋，这些是女性天赋处理得更好的领域。通常男性的任务是面对外在世界，保护家庭的安全。现代社会中特别危险的是，两性都在面对外在世界，都把时间花在外在的事物上。这会让内在世界毫无保护，因此许多危险便通过这个毫无保护的角落潜入家庭之中。在这种毫无保护的状态下，孩子会变得特别脆弱无助。

婚姻刚开始时，伴侣就像两个独立的圆，少部分重叠。两人之间的差别很大，各有各的任务。等到双方年纪渐长，慢慢了解对方的天赋才能，最后两个圆重叠的部分愈来愈多。

荣格曾讨论过一个案例。一名男性想要治疗自己的疾病。请他分享自己的梦境时，他回答自己从来不做梦，不过六岁儿子的梦境倒是一直非常鲜明。荣格请他记录儿子的梦。他记录了儿子梦境几周后，突然自己开始做梦了，同时儿子那些夸张的梦境也立刻消失！荣格解释道，这名男性采用了现代社会的集体态度来处理自己的内在事物，因此不知不觉地疏于照顾自己生活中重要的层面，于是儿子被迫承担了他的责任。

这个案例也提示我们，如果希望留给孩子最好的事物，那就让他们拥有干净的无意识，而不是我们自己未活出的生命。要让我们未活出的生命藏在自己的无意识中，直到你准备好直接面对。

一般来说，是女性负责处理这些内在的麻烦事，但在上述案例中，却是父亲的责任落到孩子身上。由此，我们在讨论阳刚与阴柔特质时，要注意的是，我们并不完全在讨论男性与女性，尤其是那些我们通常认为属于女性的任务，也有可能是由男性的阴柔特质来承担的。反之亦然。

第二项任务

阿芙洛狄忒傲慢又轻蔑地指派给赛姬第二项任务，要她渡过一条河，到对岸放养金公羊的地方，取一些金羊毛，而且必须在日落前回来，不然就会痛苦致死。

赛姬必须非常勇敢，甚至莽撞，因为这次要完成的危险任务，是面对凶猛的公羊。她又一次崩溃，想要自杀，她来到横跨在自己与金公羊领地的河边，打算跳下去。就在这关键的时刻，河堤上的芦苇对她说话，给她建议。

生长在水陆交界处的渺小芦苇告诉赛姬，不要在大白天接近公羊群拔取羊毛，如果这么做会立刻遭公羊攻击致死。应该在傍晚的时候，从多刺灌木丛或是树林低矮的枝丫上，搜集缠在上面的羊毛。如此一来，她不但可以获得足以让阿芙洛狄忒满意的金羊毛，也不会引来公羊群的注意。赛姬得到的信息是，不要直接面对公羊群，或是用强夺方式得到金羊毛。这样接近公羊群，只会招惹极大的危险。于是她决定接受小芦苇的建议，用间接方式来完成任务。

对于女性来说，在她想要汲取一些阳刚特质融入自己的内在生活时，这些特质常常看起来就像公羊群一样。想象一名非常阴柔的女性，在人生刚刚展开时，面对这个现代世界，知道自己必须想办法生存下去。她害怕自己会被杀、遭到攻击致死，或仅仅是因为生活在这个冷漠、充满竞争的男权社会中，于是让自己拥有了公羊特质。

公羊代表一种宏伟、直觉又阳刚的基本特质，在人格中显得复杂又具有侵略性，会不预期地爆发。这种力量如同遇见了圣经中燃烧的荆棘一般，是如此强大而令人敬畏。如果没有得到正确处理，甚至动用无意识深处的力量和影响力，它会淹没我们的有意识的自我。

神话故事明确地告诉我们，赛姬要怎么聪明地对付公羊的力量：她必须利用傍晚时分，而不是在大白

他与她：从荣格观点探索男性与女性的内在旅程

天日头正高的时候；她必须从枝丫上搜集，而不是直接从公羊身上拔取。太多现代人以为，只有从公羊背后剪一把羊毛，大摇大摆地在正午太阳下离开，才能够得到这样的力量。其实是不对的。力量是一把双刃剑，最恰当的做法是只取用自己所需的份量，而且尽可能不要声张。要知道，当力量不够时，我们会无法对抗内在世界的各种掌控；而力量过大时，我们则很容易变得霸道易怒，像公羊一样。

治疗师兼作家约翰·桑福德（John Sanford）发现，如果年轻人使用毒品，会侵蚀他的自我，导致无法承受他大量的内在体验，他的自我可能因此灰飞烟灭。这就是直接或过度汲取公羊的力量所造成的。现代人，不管是男性或女性，都汲取了过量的公羊力量，可能反而遭到攻击或吞噬。神话故事警告我们，取用需要的力量，放弃不需要的部分，保持力量与接纳之间的平衡。

对现代女性来说，那种只能从枝丫上取下剩余之物的感觉，其实是无法忍受的。为什么女性只配得到这么一点点？为什么不能抓住一头公羊，剪下羊毛，像男性一样昂首阔步地离开？

参孙的妻子大利拉这么做了，展现了自己的权力。她的觉醒留下许多毁灭性的破坏。赛姬的神话则告诉我们，女性不需要玩权力游戏，同样能获得刚好符合自己需求的阳刚能量。她不需要变成大利拉，杀掉参孙才能获得力量。

同样，这段故事也向现代人提出了一个大问题：怎样的阳刚能量算是足够？我认为其实没有限制，只要女性能够以自己的女性身份认同为中心，有意识地使用她的阳刚能量，视其为辅助工具，就没问题。男性也是一样：他想使用多少阴柔能量都可以，只要以自己男性的身份认同为中心，有意识地运用就没有问题。

第三项任务

阿芙洛狄忒难以置信，赛姬竟然搜集到足够的金羊毛。愤怒之余，她决定要好好挫挫赛姬的锐气。她给了赛姬一个水晶杯，命令她去取冥河的水。冥河是一条从高山上落下来的河，消失在地底，再回到高山上。这是一条循环不已的河流，不断回到源头，落入地狱深处，又重回最高的山崖。这条河有着危险的猛兽看守，更别说让人在河边落脚，取一杯河水。

赛姬全身瘫软，这次她深受打击，麻痹到甚至哭不出来。

不久，宙斯的老鹰有如魔法般出现。这只老鹰之前曾与宙斯并肩作战，是互相扶持的伙伴。宙斯现在愿意公开表态保护他的儿子艾洛斯，要求老鹰来帮助赛姬。老鹰飞到沮丧的赛姬身边，取走了水晶杯，飞到冥河中央，在危险的急流中舀了满满一杯河水，安全地带着水晶杯回来。赛姬的任务完成了。

冥河是生与死的河流，从高处流向低处，从高山上落入地狱深处。河水湍急危险，河岸陡峭滑溜。如果太靠近，很容易就跌进河中淹死，或是落入底下的乱石堆。

这项任务告诉我们，女性应该如何与人生的浩瀚连结，也就是只取一杯水。阴柔特质的运作方式，是一次处理一件事，达到完美平衡的境界。当然并不是不能处理第二件、第三件或第十件事情，但必须每次一杯，按部就班。

人类心灵的阴柔特质，多半是以没有聚焦的意识来表达。阴柔特质充满了生命中庞大丰富的可能性，并深受可能性的吸引。但事实上，我们不能同时承担太多可能性，无法一次做完很多事情。许多罗列在我们面前的可能，是互相抵触的，所以只能选择其一。就像老鹰一样，虽然有着全景的视角，但在面对辽阔的河流时，还是必须集中在单一点上，舀出一杯水。

曾经流行过一种异端邪说，认为如果少量就很好，那么多一点会更好。这种名言造成了现代人永远无法满足于自己的生活。即使已经过着丰富的人生，还想要拥有更多。

神话故事告诉我们，只要抱持着高度觉知，体验少量特质就足够了。诗人说过，一沙一世界。我们可以专注在生活的某一方面或某项经验，集中吸收，心满意足，然后按照安排好的事物，一往无前！

水晶杯是承载生命之水的容器。水晶非常脆弱珍贵。人类的自我可以比拟成水晶杯，承载着庞大生命之河的一小部分。如果没有小心使用像水晶杯一样珍贵的自我，美好而湍急的河水可能会将其碎裂。此时，像老鹰一般的视野，看得清晰，精准地潜入河流正确的位置，显得非常重要。自我若是想提升某些浩瀚的无意识，必须学会一次只舀一杯水，不然压力太大，容器就碎裂了。这也是在提醒我们，不要随便跳进无意识的深处，一次处理生命的一个课题就很好。

另外，缺乏想象力的人可能眼看着生活一团混乱，觉得没办法理出头绪。这个时候就需要老鹰的视角。宽广的视野，能够帮助我们看到生命的大方向——险峻的河岸看起来无处落脚，但老鹰的视野可以帮助我们开启下一步。相对于其他雄心壮志来说，这种改变可能是一小步，但却是个人成长过程中必要的一步。

现代人几乎每天都被繁杂的生活所淹没，是时候让自己在心智层面运用老鹰的视角，一次处理一杯水了。

第四项任务

赛姬的第四项任务，是最重要也是最困难的。只有寥寥无几的女性会来到这个阶段，以下的叙述可能会令人感觉古怪而陌生。如果这不是属于你的任务，就不用管它，专注于你能完成的任务即可。对于极少数必须展开第四项任务的女性来说，神话故事中提供的信息可说是弥足珍贵。

阿芙洛狄忒一如既往地指派了不可能的任务给赛姬。如果我们完全仰赖自己个人的力量，绝对无法完成任何任务，至少这一项不可能。但帮手出现了，这是来自众神的礼物，让这项任务得以完成。

第四个任务是阿芙洛狄忒给赛姬的最后考验：赛姬要进入冥府，请冥后波瑟芬妮——那位行踪隐秘的永恒少女、神秘女神，赐给她一盒美容油膏，然后转交给阿芙洛狄忒。

赛姬知道这件任务不可能完成，于是爬上高塔，打算跳下，逃离可怕的命运。

就在这座原本被选为逃避之地的高塔上，赛姬获得了相当怪异但又是自己需要的建议！她来到一个隐蔽的地方，发现了冥府的通风口，那里有一条无径之路直接通往冥王的宫殿。赛姬不能空手过去，她必须

　他与她：从荣格观点探索男性与女性的内在旅程　┣━━━

赛姬到冥界请冥后波瑟芬妮给自己美容膏

自己打通关卡，所以手上拿着两块全麦蛋糕，嘴里咬着两枚半便士的铜板，满心是足以通过好几个难关的坚毅。通往冥府的路必须付出代价，所以要有充分的准备。

赛姬找到了无径之路，下到冥河，发现有个瘸腿的人带着一头瘸腿并载着木柴的驴。几根木柴掉到地上，好心的赛姬反射性地捡起木柴还给瘸腿的人。不过她不应该这么做，因为会消耗掉原本要保留来对付难关的体力。接着赛姬来到摆渡人卡隆的渡口，搭乘破烂小船过河进入冥府要花掉一枚铜板。在过河的时候，有个快淹死的人求赛姬救他，但是赛姬必须拒绝。女性在求见冥后的过程中，必须保留所有的资源，不能消耗在其他较不重要的任务上。

来到冥府之后，赛姬步行前往目的地，遇到了三名转动纺车编织命运的老妪。她们邀请赛姬帮忙，但赛姬必须忍住不理会，继续往前。又有哪位女性能在遇到命运三女神时，不停下脚步去参与命运的编织呢？但是赛姬事前得到警告，如果停下脚步就会失去一块全麦蛋糕，接下来便无法应付另一个黑暗关卡。少了这份过路费，赛姬永远无法再回到光明的人类世界。

接下来，赛姬遇见三颗头的地狱看门犬可尔贝洛斯。她扔了一块全麦蛋糕给这只可怕的狗，趁着三颗头在抢食蛋糕时赶快过去。

最后赛姬来到了波瑟芬妮的宫殿，见到了这位永恒少女、神秘女神。高塔警告过赛姬，不可以享用波瑟芬妮招待的豪华餐点，只能接受最简单食物，并且坐在地上进食。古老的律法规定，只要接受了招待，便和主人之间有了连结。因此，如果赛姬享用了波瑟芬妮的豪华餐点，就会永远受到冥后的控制。

赛姬带着日渐壮大的智慧与力量（之前所有的任务都让她变得更为强韧），通过了每一项考验，她请求波瑟芬妮赐予一盒美容油膏。波瑟芬妮二话不说便给出珍贵的油膏，于是赛姬踏上归途。故事中说的是波瑟芬妮给了赛姬"一个装着神奇秘密的盒子"。这让接下来出现的疑惑有了提示与线索。赛姬保留的第二块全麦面包，让她在回程时可以对付可怕的看门犬，第二枚铜板则让她顺利付了摆渡过河的费用。

一切看似很顺利。只可惜的是，高塔给予的最后一项指示超出了赛姬的能力，因此她没能遵守高塔明智的建议。高塔要她绝对不可以打开盒子，或是探究里面装的东西。就在最后一段路程，已经可以看到光明的人类世界时，赛姬心想："我现在手上有着阿芙洛狄忒花容月貌的秘密，如果不看一下盒子里装的东西，拿一点来打扮自己，让亲爱的艾洛斯着迷于我的美貌，岂不是太笨了吗？"于是她打开盒子，发现里面什么也没有！空无一物释放了有如炼狱般的死亡睡意。赛姬受到冲击，像尸体一样失去知觉，倒卧在路上。

伤势痊愈的艾洛斯听见挚爱的赛姬绝望的呼喊，冲出母亲的牢笼，飞到赛姬身边，从她脸上抹去死亡的睡意，安全放回盒子里。他用箭尖刺醒赛姬，告诫她不要屈服于这几乎要了她命的好奇心。

艾洛斯要赛姬继续完成任务，让她把神秘的盒子送去给阿芙洛狄忒。

艾洛斯自己则飞去找宙斯，恳求他协助赛姬。宙斯虽然责怪艾洛斯的行径，但还是舍不得儿子，所以承诺会帮忙。宙斯召集了众神，命令信使赫尔墨斯把赛姬带过来。宙斯公告天界所有人，爱神的恶作剧已经持续太久了，该是时候让这个爱捣蛋的年轻人定下来，受到婚姻的束缚。既然艾洛斯自己选了一个美若天仙的新娘，那么就帮他们举办婚礼吧。为了克服神与人结合的困难，宙斯主持了仪式，赐予赛姬一壶永恒之水，让她喝下。这个仪式让她能够长生不老，同时保证艾洛斯不会再离开她，将成为她永远的丈夫。

天界举办了前所未有的盛大庆典！由宙斯主持，信使赫尔墨斯招待，酒童加尼米德倒众神之酒，太阳神阿波罗弹竖琴，甚至阿芙洛狄忒也参加了这场盛宴，与儿子和新媳妇一同开心享受。

时候到了，赛姬生下一名女儿，取名为欢乐（Pleasure）。

∽

赛姬最后的任务象征着女性个人成长最深刻的步骤。只有极少数的人可以发展出足够的能力来完成这项任务，如果前面几项任务都还没完成，硬是要展开这趟旅程，那就太鲁莽了。太早踏上这段旅程，会为自己招致灾祸，但如果任务来到面前却逃避拒绝，也会造成同样可怕的后果。在古时候，一般人很少能够接触到这项任务，只有灵性世界选出的人才有机会。而现在，愈来愈多的女性会受到内在灵性的召唤，开启这项任务。而我们要做的是，要在这项任务到来时迈出脚步。

那么，我们能从自己的故事中学到什么？

前三个帮手都是自然界的元素：蚂蚁、芦苇、老鹰；高塔则是人工产物，代表着文明中的文化遗产。而了解之前的其他女性是如何进行她们的第四项任务的，这对女性帮助很大。圣女大德兰是用"内在城堡"来描述它。神智学的大师，大部分是女性，都对这项任务有着自己的看法，我们这个时代的女性主义者也有很多话想说，基督教传说中女圣徒的故事，更是提供了更多素材。荣格心理学则描述了好几种女性发展过程。其中重要的提示是，必须分析古老的发展方式，包括东方和西方，并与我们现在的道路区别出来。因为在大部分状况下，你其实是与自己内在的高塔一起踏上孤独的旅程。

就像赛姬，她必须穿过荒野才能抵达冥府（有多少旅程是从让人最想不到或是觉得最没有价值的地方开始），从无径之路进入内在世界黑暗深处。她不可以中途停下来，也不可以因自己天生的好心或善意而偏离目标，不然就会因此耗尽心神与力气。她用一枚硬币支付了横渡冥河的费用。如果她在旅程开始的时候没有储存足够的能量，就没有办法完成任务。这趟旅程需要孤独与休息，以便积累能量。她必须转移冥府大门可怕看门犬的注意力。一旦发现了恶意，就不可能忽略，必须用相等的事物去对付，像是蜂蜜全麦蛋糕。

接下来重要的还有，不能留在波瑟芬妮身边，因为这样会削弱旅程的能量，也会让旅程无法继续下去。波瑟芬妮是冥府之后，是所有女神中最隐蔽的一位，是永恒少女，也是神秘女神。这是女性必须受到崇敬与尊重的部分，因为我们会在此找到生命的真正意义。但是我们不能与之在一起。实际上我们可以看到不少女性因为认同了波瑟芬妮，再无法进一步发展。而赛姬的做法是，离开冥府踏上归途，分散了可怕看门犬的注意力，让自己能够溜过去，付给摆渡人另一枚铜板，回到光明的人类世界。

赛姬的任务是带回美容油膏，但在她眼中却看到盒中空无一物。这种空白其实就是奥秘所在，可能比我们所能说出口的任何特质都要珍贵。女性内在最深处的奥秘，其实是无以名状，也无法贴上任何标签。这种女性特质最重要的就是必须维持神秘，对男性当然如此，对女性更是如此，重要性不亚于疗愈元素本身。

赛姬违反了规定（又一次愉悦的堕落，这种从高处落下的状况对于揭开真相有其必要？），她将神圣的女性元素占为己用，却因此失去意识。这是这趟旅程最危险的时刻，许多人都在此失败。要认同神秘与之同化，其实就是落入无意识中，无法再继续成长发展。许多女性一路安全地来到这里，却落入波瑟芬妮神秘魅力的陷阱。她们可能无法继续成长，停留在一种固化的状态，也因此失去了人性的特质。

赛姬这次任务原本可能失败，但她犯的错，或者说她内在男性的那一面激发了艾洛斯，他的阳刚力量开始作用，拯救了她。爱神之箭的尖端刺醒了她，让她从死亡睡眠中活回来。也就是说，只有爱能够让我们脱离困难与孤独。

艾洛斯展现了神力，赛姬以永生的姿态进入天界。她与艾洛斯之间的关系一度历经了艰难与危险，但最后还是让赛姬获得永恒生命。这就是赛姬的任务，将最初许诺的天真美好，转化成故事结尾时实现了的女神意识。

| 第十八章 |

现代的赛姬

我们很容易贬低神话，认为它们是很久以前在遥远地方发生的故事，并不会与主流的现代生活有所连结。

这种认为神话与童话只属于孩子的态度，是近代才开始产生的。在法国启蒙运动之前，神话与故事具有相当高的地位与价值，是成人们热衷研究的主题。而现在，当多数人仍持有从十九世纪起滋生的偏见时，我们会在荣格、弗雷泽（Sir James George Frazer，1854–1941）、坎贝尔（Joseph J. Campbell, 1904–1987）这些大师的作品中，发现神话对于我们研究人的内在世界所起到的独特价值。

现代的梦境

我们发现赛姬在现代，依旧面临着进化的课题与任务。接下来要讨论的是在这个时代，神话是如何发挥作用的？

以下是一位现代女性所做的梦。她正处于心灵进化的过程中,背景是我们这个时代,使用的是美国文化与语言。这位三十多岁的女性,已婚,有孩子,有工作,每天和其他现代人一样,全心全意地应付着身边的各种琐事。赛姬是以古代为人生背景舞台,而这位女性则运用现代世界的一切,来实现着自身的进化。也就是说,真正的神话并不会受到时间、地点或语言的限制,在任何时代都会发生。

以下是她的梦境:

我发现自己在一幢美丽而古老的大宅里,空荡荡的没什么人。我和其他几个人一起在打扫房间。我负责打扫二楼。我爬上宽广的台阶,右转直走来到"我的"房间。但当我穿过房门进去后,突然发现自己来到另一个世界,仿佛是走进了传送通道器来到另一个时空。我站在巍峨的山崖边,触目所及一片雪白。我花了几分钟才发现自己一点也不冷,周围的白并不是白雪,而是一种奇怪又神秘的发光物质。有个男人和我打招呼,他的名字叫 X,有着浓厚的斯拉夫口音，年纪大概跟我差不多，身材也类似，留着一些胡子。他举止优雅、充满魅力，邀请我和他一起去探索这美好的地方。我非常想跟他去，但又害怕如果走得太远，就无法回到现实中的那栋房子和我熟知的世界了。于是我告诉 X 自己一定要回去。他对我的想法表达了谅解，并说他会一直在那里等我回来。他让我转过身去，为我指出一条有传送通道器的回程之路。我跟跄一步，回到了大宅。

此时楼下传来声响，大家正在往屋里搬东西。我跑下楼的时候经过 B（另一位负责打扫的人），他并没有说话，但朝着我邪恶一笑，这让我感到非常不舒服。正当我想弄清楚刚刚发生的事时，我看到一个白发及肩的女人，走过去之后就不见了。我听见有人叫她"米莉"，还说她去了另一个世界。我追着她，拼命想要问她究竟知道什么，但只瞥见她转了个弯。我追着她上楼，跑过长长的走廊，来到另一个房间。当我走进那个房间时，她却不见了，消失在另一个世界！

我打算下楼，却在经过自己的房间时，又被抛入雪白世界，看到 X 和他的朋友。X 说他们一直在等我。

　　　　他与她：从荣格观点探索男性与女性的内在旅程

他给了我一个悠长而温暖的吻，指着一辆车告诉我要带我逛逛。我觉得很困惑，虽然真的很想跟他走，但又明白如果这么做就回不去了。于是我背过身去，想要做出决定，下一刻却发现自己已经又回到了大宅中那个属于自己的房间。

我走下楼，发现楼下很热闹。大家忙着把家具、食物和各式各样的东西搬进房里。客厅里聚集了一大群人。我走进旁边的小厅，突然看到传授我佛法的老师。她穿着棕色长袍，安安静静地坐在角落里的一把小椅子上。此时我忽然觉到，在这幢大宅中到处都有像我之前发现的那种传送通道口，并且我还能感觉到，等大家把自己的东西搬来并住进之后，传送通道口会消失。这让我感到事态紧急，我必须请大家在这些传送通道口消失之前，自行决定何去何从。于是，我试着向老师解释自己的想法，但她却没有回应。我踱来踱去，盯着房间里满满的东西，注意力忽然被一个摆放在小桌上的蓝色针插所吸引。那一刻，我仿佛要记住这个世界的点点滴滴，带着记忆去往另一个世界。随后我冲出房间，跑上楼，想要再次找到 X。当我跨入房门，觉得自己即将进入雪白世界的瞬间，却在下一秒醒了过来。

我再次入睡。在那个晚上又做了两次一模一样的梦。每次梦中所发生的事的顺序都一样，只不过大宅里的人和东西一次比一次多，而 X 和另一个世界则一次比一次更吸引人。

长梦与神话一样，同样具有许多我们误认为与自己无关的能量及影响力。我有个印度教的朋友，当听到我为他做过的梦的解释后，惊讶地喊道："原来我一直忽略了神，居然自己不知道！"没错，无论是长梦或神话，它们的语言，其实比我们现代心智所认知的部分，更接近于每个人的真实。

所谓的梦，对于这个现代女性而言，就是神话，而且我们还饶有兴趣地看到，这个梦和艾洛斯与赛姬的故事，在形式上既有很多相似之处，又有那么多的不同。一方面，我们拥有着与两千五百年前的人一样的心理结构（又或是他们拥有与我们同样的结构？），另一方面，经过长时间的岁月洗礼，它又发生了许多进化。也就是说，现代神话既承载着心理结构中令人敬畏的一贯性，又淋漓呈现出现代生活的独特视角。从这个角度来说，梦境中的每个细节都值得琢磨。

而艾洛斯与赛姬的问题可以浓缩成一个词：层级。赛姬所有的旅程、任务与奋斗，用心灵层级去分析会更好理解。她在天堂与人间、死亡与永生、人与神等不同的层级之间来回穿梭。当这些对立面最终融合在一起时，赛姬获得了胜利。也就是说，赛姬所有的努力，都是为了调和心灵的多个层级。

心灵层级的问题也出现在上面的现代梦境中。上述梦境的女主人不知往返于这些不同层级多少次！整个梦境不断地在人类的平凡世界与灵性的雪白世界之间转换，产生着交互影响。人、情境、神灵，这三者一直在互动。也就是说，不管是在两千五百年前或现在，每一个赛姬都在努力成为这许许多多层级之间的调和者。那些面露坚毅的神情、驾车送孩子看病的母亲们，都可称得上是现代的赛姬，她们在自己的爱与排山倒海的现实压力间不断平衡着。赛姬的任务在任何时代都一样，仅仅会在细节上存在着不同。

现代的赛姬可能在某天醒来，体验到心灵的美妙与光辉，但她们不知道是该感谢这样的体验，还是要恳求众神回到原本属于他们的地方，以便让自己去做那些不得不做的人间琐事。艾洛斯可以突然把我们带到他的光辉世界，让我们怀疑自己究竟还有多少心力可以应付现实世界的困扰。而真实的情况是，这样的冲突才是真正的神话！所有不能处理的问题，代表着无法深入探索的进化历程。正因为有了它们，一切才独具魅力！

当前面提到的这位现代女性做了这个梦时，其实说明她已经完成了古代神话中提及的大部分任务。她经历过青春期的独特与孤独、像双面刃一样的婚姻，以及任岁月逐渐带走天真……一切都已经完成。整个梦境是从她当下的任务开始——清理大宅，然后突然闯入幻象世界。似乎这是因为她的内在世界出现了紧急诉求，必须将天堂与人间这两个世界连结起来。在此之前，她一直希望天堂能够始终在，直到孩子长大或直到生活比较稳定一点，但可惜的是，天堂似乎并没有要长久停留的迹象。于是她从现实世界被丢到幻象中的雪白世界，却因为害怕自己如果放胆去探索，会回不到现实世界。她的这种状态其实是危险的，很容易落入二选一的陷阱中。荣格曾说过，中世纪人的思考方式通常是二选一，但现代人的思考方式必须是二者兼备。真正的现代人并不会只为了追寻灵性成长而跑到修道院或喜马拉雅山上修行，却也不会将全部的自我投入到家庭、工作与现实生活中。这正是现代人的真实写照。也就是说，真正的现代心智，首要任务是必须忍受灵性与现实同时组成自己人生框架的真实状态。好在，这个梦的主人似乎勇敢地接受了这个事实，她的梦境表达出两者皆要的心境。

当然，梦境并没有完结。这很正常，因为梦境的主人还没走到人生的中间点。她要用自己的下半生来完成这场心灵大融合，让灵性与现实真正融合在一起。

古老的神话是以为新生女儿取名为"欢乐"来承诺一生。这也预示着，当一个人成长得足够聪明、强大时，那些曾带给她苦难与焦虑的冲突元素，都会变成互补的元素，从而创造出一件真正伟大的艺术品——我们不凡的人生。

参考书目

Bolen, Jean Shinoda. *Gods in Everyman.* San Francisco: Harper & Row, 1989.

Campbell, Joseph. *The Hero with a Thousand Faces.* Princeton: Princeton University Press, 1968.

C. G. Jung. *Man and His Symbols.* Garden City, N.Y.: Doubleday, 1969.

C. G. Jung. *Memories, Dreams, Reflections.* New York: Random House, Inc., 1961.

Jung, Emma, and Von Franz, Marie-Louise. *The Grail Legend.* A C. G. Jung Foundation Book. New York: G.P. Putnam's Sons, 1970.

Kelsey, Morton T. *Encounter with God.* Minneapolis, Minn.: Bethany Fellowship, Inc., 1972.

Sanford, John A. *The Man Who Wrestled with God.* Ramsey, N.J.: Paulist Press, 1981.

Sanford, John A., and Lough, George. *What Men Are Like.* Ramsey, N.J.: Paulist Press, 1981.

Whitmont, Edward, C. *The Symbolic Quest.* Princeton: Princeton University Press, 1978.

Bolen, Jean Shinoda. *Goddesses in Everywoman.* San Francisco: Harper & Row, 1985.

De Castillego, Irene C. *Knowing Woman.* New York: Harper & Row, 1974.

Grant, Toni. *Being a Woman.* New York: Random House, 1988.

Grinnell, Robert. *Alchemy in a Modern Woman.* New York: Spring Publications, 1973.

Harding, M. Esther. *The Way of All Women.* New York: Harper & Row, 1975.

Layard, John. *The Virgin Archetype.* New York: Spring Publications, 1972.

Leonard, Linda Schierse. *On the Way to the Wedding.* Boston: Shambhala, 1986.

Lewis, C. S. *Till We Have Faces.* New York: Harcourt Brace, 1957.

Neumann, Erich. *Amor and the Psyche.* Princeton: Princeton University Press, 1971.

Von Franz, Marie-Louise. *Problems of the Feminine in Fairytales.* New York: Spring Publications, 1972.

Weaver, Rix. *The Old Wise Woman.* New York: G.P. Putnam's Sons, 1973.

Woodman, Marion. *The Pregnant Virgin.* Toronto, Inner City Books, 1985.

知识铺垫

分析心理学

分析心理学被称为荣格心理学或原型心理学。这种深层心理学是瑞士的精神医学家荣格（Carl Gustav Jung，1875—1962）用毕生的心血研究创立的。它是临床的并且也是思维的理论体系。所谓深层心理学，用弗洛伊德的话来讲，是指"不能直接到达意识的深层的心理过程"，即我们把处理无意识领域的心理学叫深层心理学。

意识、个人无意识、集体无意识

意识是人精神世界中唯一能够直接感知的部分，即我们所能意识到的东西，是对于个人生活经验及思想的反映，伴随着生命的诞生而出现，如从婴儿时期开始出现的感觉、知觉、思维等。荣格发现，人的意识发展过程就是人的"个性化"（individuation）过程，它在人的心理发展中起着相当重要的作用。

个人无意识，是指曾经被意识而后被压抑（遗忘）的经验，或开始时不够生动、不能产生意识印象的经验。荣格认为这些经验会组成情结的主题不断地在人生中再现，对人的行为起着重大影响。

集体无意识，是指由遗传保留的无数同类型经验在心理最深层积淀的人类普遍性精神，由荣格在 1922 年的《论分析心理学与诗的关系》一文中提出。荣格认为人的无意识有个体和非个体（或超个体）两个层面，即个人无意识和集体无意识。前者只到达婴儿最早记忆的程度，是由冲动、愿望、模糊的知觉等组成；后者则包括婴儿出生以前的全部记忆，可以在所有人心中找到，具有普遍性。

原型

荣格认为，在人的进化过程中，大脑携带着人类全部历史，即一种集体性的"种族记忆"，当它们被凝缩、积淀在大脑结构之中，就形成了各种原型。原型可根据民族的不同，出现在本民族的神话、寓言、传说等文学作品和艺术创作中，是远古以来人类所继承的共同心理部分。在众多原型中，荣格研究较多的是人格面具、阿尼玛和阿尼姆斯、阴影和自性。

人格面具

人格面具是指人能够根据外在要求灵活地表现出适当的态度和言行，其作用是使人与其所处的社会之间达成一种融合。人格面具是公布于众的自我，是由于人们必须在社会中扮演各种角色而发展起来的。也就是说，人格面具是人与外部环境协调的部分，是心灵的一部分。

阿尼玛和阿尼姆斯

阿尼玛和阿尼姆斯又称异性的原型，即男女两性意象，前者是指男性心灵中的女性意象，后者是指女性心灵中的男性意象。它的基本功能是引导人们去选择一个浪漫伙伴并建立情感关系。荣格认为，男女之所以相互吸引，是双方把自己心中的女性意象或男性意象投射到对方身上，并且相互适应。阿尼玛使男性具有女子气，并拥有了与现实中女性的交往模式；同样，阿尼姆斯使女性具有男子气，并拥有了与现实中男性的交往模式。

阴影

阴影也称同性原型，代表一个人自己的性别，并影响到其与其他同性的关系。阴影原型所蕴藏的人的基本动物性比其他原型蕴藏的数量都多，是人心灵中最黑暗、深入的部分，也是人性中邪恶、攻击的象征。认识、接受并整合阴影，深刻理解阴影与人格面具的关系，将使阴影朝有利于人格的方向发展，有助于荣格所说的"自性"的实现。

自性

自性是荣格提出的最重要原型，也是统一、组织和秩序的原型，并且是整个心灵的核心。自性是能够包含所有其他原型的原型，其作用是为人格确定方向，协调人格的各组成部分，使之整合为一个和谐的整体。荣格把这个统一体称作自我实现 (self-actualization)。

资深心理医生李孟潮的
荣格自愈心路首秀

彻底揭秘荣格不为人知的
人生痛苦、彷徨、超越、重生

ISBN：978-7-5043-8696-0
定价：69.00 元

汲取大师强大的自愈力量
开启深刻、独特而丰盈的成长